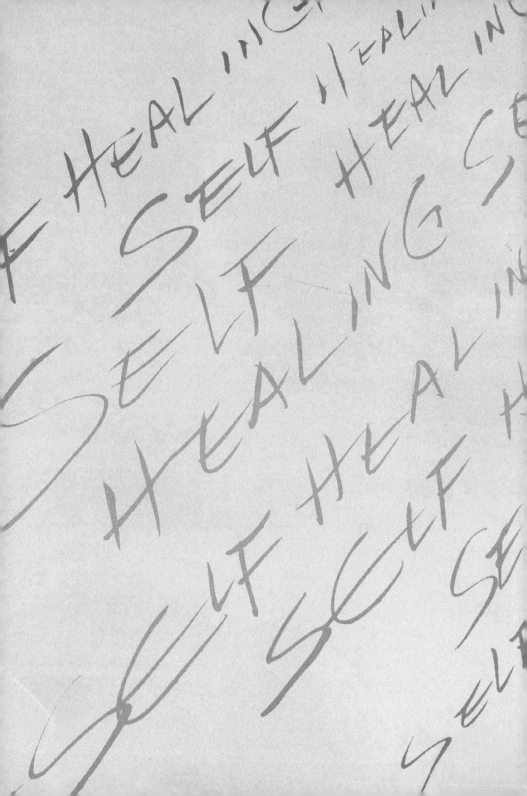

身心自愈

Tuina —
The path to self-healing

HO Man Keung
(Chinese Medicine Practitioner)
何文權 中醫師

Dr. HO Wai Lun
何偉倫 博士

合著

序——李炳光牧師 SBS

正骨推拿 —— 自愈之路

　　欣接何偉倫博士新作全稿，並以「身心自愈」命名，深表敬佩。眾所周知，「健康」不應只局限身體無痛無病，而應包括身、心、社、靈，所謂「全人健康」、「全人醫治」，其實心靈健康，人際關係和諧，和內在心靈平安，往往與身體健康互為因果，彼此關連，而且缺一不可，醫療更不應只單顧肉體而忽略其他方面。何博士強調「自愈」更屬難能可貴。蓋藥物只能治愈肉體毛病，而且常有其他副作用，不能醫治心靈的疾病，除了藥物之外更要個人的內在的積極態度、樂觀的精神和信仰的力量才能達至健康的果效，正如《聖經·箴言》十七章二十二節所說：「喜樂的心，乃是良藥；憂傷的靈，使骨枯乾。」所以疾病不應單靠藥物，有時「自愈」亦有不可或缺的功效。

　　何博士的大作強調「推拿」乃中國的寶貴的醫學遺產，源遠流長的文化傳統，並且藉其三代遺傳的方法，對醫療各種疾病大有功效，成功個案無數，筆者有幸認識何博士的父親何文權先生，並接受其推拿保健，雖然工作繁忙，而且經常要面對行政人事等工作壓力，仍能應付自如，相信何師傅的照顧實在得益不少。更難能可貴的，是其公子竟能繼承衣鉢，薪火相傳，並且發揚光大，本書理論及實踐並重，醫療個案令人讚口不絕，嘖嘖稱奇，並且圖文並茂，全書一氣呵成，流暢易讀，更可自學養身，為不可多得之佳作。謹此專誠推介，願讀者得福，身心自愈，健康快樂，至祝至禱。

李炳光牧師 SBS
Rev. Dr. Li Ping Kwong SBS
2022.4. 香港

Preface — Dr. Peter W.T. Yu

I believe this informative and well-written bilingual text on Tuina, one of the ancient traditional Chinese medicine treatment methods, will spread the knowledge to and benefit the rest of the world beyond China and the Chinese communities all over the globe.

Acupuncture is another ancient traditional Chinese medicine treatment method widely recognized in the world. Tuina, also known as acupressure, should enjoy similar recognition.

For those readers who don't know Chinese, Tui means "to push" and Na "to lift". The practitioner applies pressure to a person's body to achieve specific therapeutic results.

Chi (life force) and blood circulate throughout the body, nourishing it and supporting its normal functioning. Blockage of this flow may disrupt one's internal balance and cause illness and pain. By applying pressure at different intensities on specific body parts, Tuina may strengthen chi and blood flow, remove obstructions, relieve stagnation, and restore the body to a natural state of well-being. The effects go beyond the part being treated and are beneficial to the whole body.

The treatment may also help healthy people maintain their physical and emotional well-being by strengthening their physical fitness and minimizing the risk of disease.

Dr. Peter W.T. Yu
Specialist in Psychiatry

何文權中醫師的固本培元整合治療法

　　何文權中醫師能夠融匯「拍打」、「正骨」以及「推拿」於他的治療，成為一套理論，實屬難得。此書深入淺出地道出骨骼、神經、肌肉的關係，以人體作為一個有機整體，互為影響以達致「固本培元」的整合醫治。在這基礎上，何偉倫博士更指出全人（身、心、靈）的醫治對患者健康的延續性尤為重要。透過西方的「生態理論」來解釋推拿對於「身心自愈」的關係，令讀者更能注重生活作息的日常，以達致自愈的效果。

郭燕生醫師
北京同仁堂
註冊中醫師
香港中醫學會會員
2022.4. 香港

序——林希聖

　　有幸認識何偉倫先生已經六、七年有多，當時是他作為「理工大學」的導師帶領「理大」的學生來「正生會／正生書院」做義工服務。

　　因何文權中醫師不單是一位既精於傳統醫道脈理處方外，更精研跌打正骨療法的全才中醫師；他德才兼備、古道熱腸、一生以救死扶傷濟世扶貧為己任！更曾經在當年「沙士」疫情險惡其間以其精湛醫術救治無數病人！

　　難得何偉倫先生也是幼承庭訓盡得其先父醫學真傳外，亦秉持醫者父母心為懷濟世！在其繁忙之極的日常生活，既任教於「理大社會服務工作系」，同時兼顧修讀社會服務博士學位，還需克盡照顧家庭外；更加以完全義務為本、贈醫的精神施展其中醫正骨推拿手法，服務大眾！自認識何先生始，我和「正生」所有同事、學員也是得解疾困，深受仁心仁術的何先生之無微照顧！

　　今喜聞何先生在百忙中把所學的博大中醫、跌打正骨技術、理論兼融匯其長久以來義務實踐所積累經驗、個案，以生動的文筆深入淺出條理分明，綜合成書傳揚中醫大道以增益後學，誠又一大公益也！

　　一紙風行、洛陽紙貴自是可期！！

基督教正生會／正生書院

林希聖 行政總裁 謹上

Preface — Dr. Taplin, Margaret, PhD.

I am happy to have the chance to write the preface for this book for two reasons. One is to share with other western people the health benefits I have gained from Traditional Chinese Medicine during more than 30 years of living and travelling in Hong Kong and China. The other is to introduce the author, Dr. Ho, the third-generation of the Ho family to develop the Tuina approach to holistic health, as a skilled practitioner who has improved the quality of life for countless clients.

In my younger days I competed in marathons and long-distance triathlons. Before that I was a competitive breaststroke swimmer; the snapping motion of the kicking action used in those days placed a lot of stress on my knees. In later life I studying Indian classical dance, and this involves a great deal of rhythmic beating of the bare feet on hard surfaces. Now, many of my contemporaries from these activities are having hip and knee replacements, or suffering from back and other joint problems. In my 60s, I have, so far, managed to avoid any of these complications. I attribute it largely to the combination of Chinese therapies I have received to keep my bone and nerve structures aligned, my qi flowing and my organs functioning as they should, through massage, acupuncture and herbal medicines.

The Tuina technique described in this book is a combination of all of these, in a single package. Had I known about it 30 years ago it would certainly have been a part of my regular routine, but I consider myself fortunate to have been introduced to it in later life.

As a third-generation Tuina practitioner, Dr. Ho has been trained in the art for most of his life, first by his grandfather and then his father, and has developed the practice further to suit 21st century needs without losing the traditions, as he prepares to pass it on to the next generation, his sons.

I have also learned over time that the nature of the practitioner is so important. I first met Dr. Ho in 2007. Over the years I have observed him, as a colleague and friend, interacting with his colleagues, his students, his family members and his clients. Not only is he knowledgeable about his Tuina practice; in all of these interactions I have observed him to be considerate, compassionate, empathetic and understanding. He treats people from his heart, holistically and with care, and nearly always goes far beyond the call of duty to ensure he helps them to regain the best possible quality of life. He is committed to helping whoever seeks his help, particularly those with extended illnesses due to structural misalignment, not just treating the illness, but treating the whole person. These are the kinds of qualities that give me faith in a practitioner.

I hope that this book will fall into the hands of those who can benefit from it, whether practitioners who are interested to adopt Tuina, or everyday people like me who want to ensure that we can reverse the damage done by years of wear and tear and remain healthy into our later years.

Dr. Taplin, Margaret, PhD., Australia

目錄

第六章：自愈訓練

第一章：

Introduction
簡介

This book introduces the role of Tuina in self-healing through sharing the experiences of Chinese massage therapy. Tuina (bone fixing stream) (正骨推拿) is based on the wisdom of practice across three generations of Chinese with a heritage in Chinese medicine in Hong Kong since the 1950's. According to Cabo (2020), *Tuina* is a therapy *"through Tui (push) and Na (grasp), kneading, pressing, rolling, shaking, and stretching of the body on acupoints"* (p.1). Similarly, Wei et al. (2017) described that it *"involved a wide range of skilled and methodical manipulations best performed by an operator's finger, hand, elbow, knee, or foot applied to muscle or soft tissue at specific parts of the body"* (p.2). Both definitions denote that Tuina is a therapy involving the physical touch of the practitioner. However, the definitions are a bit general since Tuina is a skill which involves the integration of the mental, physical or even spiritual dimensions, such that different skillsets (Cabo & Aguaristi, 2020) or different types of training (Cooper, 2010) may lead to different therapeutic effects. This introduction will be further explained from an ecological perspective as a theoretical framework for Ho's Tuina.

This book shares the wisdom and practice of Tuina. In the field of Chinese medicine, knowledge had been built throughout the long history of practice-based research to identify the syndromes and corresponding treatment methods. According to the literature,

Tuina is effective for various dysfunctions of the human body such as Parkinson's disease (Eng et al., 2006), cervical radiculopathy (Wei et al., 2017; Zhang & Yuan, 2011), breast cancer (Li et al., 2020), ADHD (Chen et al., 2020), primary dysmenorrhea (Lv et al., 2021), post-stroke depression (Tao et al., 2021), chronic insomnia (Yang et al., 2021), and knee osteoarthritis (Xu et al., 2021). While some studies of Tuina are based on evidence-based medicine (EBM) (Hu et al., 2005; Kong, 2012), a practice-based approach has been adopted in other studies (Hinoveanu, 2010). Based on the clinical experiences across three generations of the Ho family in Hong Kong, from the 1950s to the present, Tuina is perceived as a pathway to self-healing, and an integration of physical, mental and spiritual therapy. Bloom (1975) commented that the formulation of practice wisdom is one of the unrecognized critical issues of the helping professions. Decades after Bloom's comment, the literature gives a clearer understanding of practice wisdom. Practice wisdom generally makes use of pattern recognition, common sense, discernment, self-reflection, judgment, analogical imagination, and other abilities (Ackerman, 2004; Cozolino, 2006; Fogel, 1993; Goldberg, 2005; Thiele, 2006). Furthermore, it is a complex cognitive ability that reflects learned behaviors, moment-to-moment attending skills, empathy and sensitivity to the emotional states of self. As Tuina in TCM is one kind of helping profession, practice wisdom is helpful to develop the understanding of this approach. In this book, some selected cases treated by the Ho family are used to demonstrate the practice wisdom of Tuina to treat various dysfunctions associated with head, body, back bones, hand- and leg-related dysfunctions.

Ho Bor (the first generation of Chinese Medicine Practitioners in the Ho family) established a Chinese medicine clinic in Shau Kei Wan, Hong Kong, in the 1950s and formed a solid foundation of the Ho's *Tui Na* based on the usage of Chinese herbs and *Tui Na* skills. In the 1980s, Ho Man Keung (M.K. Ho) (second generation) started to conduct clinical practices of Tuina in his leisure time and attained his qualification as a "Listed Chinese Medicine Practitioners" in 2001 (reference no.: L07147) in the first batch of Chinese Medicine Practitioners under the newly established registration system for TCM. This means that his qualification as a Chinese Medicine Practitioner was recognized. Ho Man Keung further refined the methods of Tuina through integrating the concepts of Western and Chinese medicine, which can be complementary to each other. Specifically, he perceived that the Western medical concept is about the studies of distinctive parts or organs in the human body from a micro perspective, whereas the Chinese medical concept is based on the macro perspective of how the entire human body as a whole system affects parts or organs. The complementary nature of Western and Chinese medical concepts was used to add refinement to Ho's Tuina. As the third generation, Dr. Wynants Ho (W. Ho), who attained his doctoral degree in social work in 2021, is the successor of Ho's Tuina. By integrating Tuina with spirituality (Shek & Ho, 2017), under the theoretical framework of an ecological perspective (Bronfenbrenner, 1979, 1992, 1998), he further investigates the relationship between the theory of "whole-and-parts" and the impact of bone misplacement on nerves and muscles, and comes up with a theoretical framework of self-healing.

Tui Na: the theory and mechanism

Integration of physical, mental and spiritual dimensions

Conceptually, the view of TCM is that good physical health is related to Qi (氣) and blood circulation (血氣循環) (Wu & Fang, 2013). In addition to the regulation of Qi and blood, dispelling of pathogenic factors and the harmony of Yin and Yang are essential to good physical health (Chen et al., 2022). These factors for good physical health reflect the importance of the inter-related nature of the physical, mental and spiritual dimensions of the human being, which forms the foundation of Ho's Tuina. For example, Qi is about breathing. While the respiratory system (physical) involves the processes of gas exchange (intake of oxygen, release of carbon dioxide), the Qi will go through the human body and become a kind of subtle power (spiritual) when the mindset is focused (mental). As the practitioner possesses Qi, he/she can apply Qi to exert Yin force (陰力) on the clients. Yin force, which is a soft force but adequate enough for the action (e.g., holding a tofu cube with a pair of chopsticks) is opposite to the use of hard force (死力) which can be interpreted as a force acting strongly on an object (e.g., a punch thrown in boxing). The proper usage of Yin force or hard force determines the desirable effects of Tuina.

Whole-and-parts

The concept of whole-and-parts was first introduced in M.K. Ho's clinical practices in the 1980s. As Hong Kong is a place where "West meets East", M.K. Ho discovered the complimentary usage of Western medicines and Chinese herbs. He envisaged that Western medicines could provide immediate and fast curing of sickness, such as the use of antibiotics for viral infections; while Chinese herbs can be used to strengthening the immune system in the long run. Aligning the thoughts of the West and the East, he further concurred that the Western medical theory emphasizes the distinctive functioning of organs, and TCM emphasizes the body and organs as an integral, holistic and inter-related system.

Mechanisms of bones, nerves, and muscles

The backbone structure connects different parts of the human body, carrying blood vessels and important nerves. In the 1980s, 松原英多 (1978), a Chinese translation of a Japanese publication, argued that the misplacement of any backbone would affect the corresponding organ, and vice versa. In M.K. Ho's clinical practice, his Tuina confirmed this inter-related nature between the bones, nerves and muscles. Moreover, his Tuina also echoed the theory of reflexivity of acupoints and the ability to control nerves (Bellmore, 2022).

Tuina in the ecological perspective of self-healing

Based on the above discussions of Ho's Tuina, the theoretical framework of self-healing is explained from the ecological perspective (Bronfenbrenner, 1979, 1992) drawn from the practice wisdom of Ho's Tuina at five levels, namely individual, Tuina, exercises, nutrition, and chrono levels.

Individual level

A human being consists of physical, emotional and spiritual dimensions. As mentioned above, TCM the integration of these three dimensions, formulates the fundamental ground for various kinds of therapy in Chinese medicine. Being healthy therefore not only means physically (metabolism and re-integration) but also mentally (emotional regulation and cognitive stability) and spiritually (meaning of life, personal belief and connectedness to others). Hence, self-healing relies on the regeneration of oneself in terms of the three dimensions, even while the physical body is deteriorating day by day.

Tuina (bone fixing stream) level

This level is concerned with the inter-related subsystems of bones, nerves, and muscles. Correct alignment of bones can allow the proper functioning of nerve transmission. With proper transmission from the sensory and sympathetic nerves through the nerve growth factor (NGF), bone repair and skeletal homeostasis can be processed (Salhotra, 2020). Just as the nerves can help build up the bones, they can also help the coordination of muscles. For example, the proper alignment of the neck bones (C1 – C7) can prevent any blockage of nerve transmission between the brain and the body. This means the brain can coordinate the body movements effectively and the body parts can respond well to the signals sent from the brain.

Exercise level

This level involves the development of Qi and blood circulation through the exercises designed specifically to strengthen the lung capacity and the blood circulation. Other stretching activities are also included in this level. Mainly, there are two types of breathing enhancement exercises. First, doing exercises to develop abdominal breathing (腹式呼吸) is important to develop the Qi in the body. Second, breathing with the lung can strengthen the circulation of blood and the gases exchange inside the body.

Nutrition level

The supplies of nutrients can affect the development of the neuro system which can affect the muscle building and the growth of bones needed to strengthen the body with Qi and blood. Vitamins B1, B6, B12, amino acids and some other minerals (e.g., Magnesium and Zinc) are essential to the neuro system. B1 (thiamine) metabolizes glucose for the nerves to function properly. B6 (pyridoxine) is used in amino acid metabolism, and the production of neurotransmitters, red blood cells and white blood cells for the proper functioning of the immune system. B-12 (cobalamin) produces DNA, neurotransmitters, and red blood cells, which are essential for neurological functioning. In addition to the B-complex, amino acids are also essential to build up the muscles and the neuro system. First, various forms of amino acids can build up different parts of muscles and organs and bones. Second, serotonin is made by amino acids. A lack of sufficient serotonin may yield to mental health malfunctioning, such as ADHD, depression, anxiety, mood instability, or schizophrenia, as well as physical health issues, such as Parkinson's disease, digestive difficulties, or somatic responses. Taking appropriate dosages through a balanced diet can help promote the healthy development of the nerves, muscles and bones.

Chrono level

The effectiveness of treatment depends on the duration. Usually a three-month timeframe is regarded as one cycle of treatment. In the first month, clients usually come three times a week; twice a week in the second month, and once a week in the third month. This is to ensure the proper bone structure during the treatment process, since the muscles may not be strong enough to hold the proper positions of the aligned bones in the first two months. For regular monitoring and prevention, it is good to have Tuina once a month.

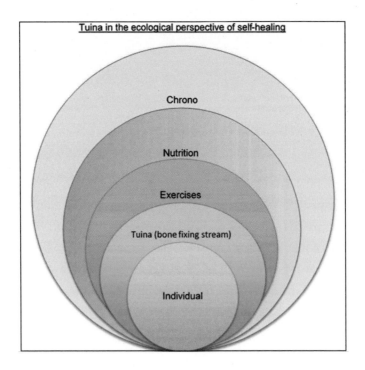

Tuina in the ecological perspective of self-healing

Chrono

Nutrition

Exercises

Tuina (bone fixing stream)

Individual

How to conduct Ho's Tuina

Wei (2017) listed five sets of Tuina techniques based on the works of Zhan et al. (2011), Jiang (2013), Mi and Bi (2013), Huang (2013), and Liu (2014). However, Wei et al. (2017) did not discuss the distinctive effects of particular techniques (e.g., stretching and rotating the neck, kneading the back and shoulder muscles) within a set or if there was any sequential order for the techniques in a set. A systematic review of 6,935 studies reported that Tuina gives significant and immediate pain relief for cervical radiculopathy patients. However, the effectiveness of fixing the neck through Tuina should not be limited just to pain relief, but includes the functioning of the head as a whole in terms of muscles and organs due to the reflexivity of the acupoints and the ability of the nerves to control functions.

According to the practice wisdom of the Ho family, the rationale of Tuina intervention is that the macro aspect (whole body) will affect the micro aspect (particular organ or part of a body), and vice versa. Moreover, bones affect the conductivity of nerves, which will affect the muscles (e.g., muscle pain due to misplacement of bones). Below is an example of steps to treat cervical radiculopathy, as reported by Wei et al. (2017). The detailed descriptions will be elaborated in the following chapters.

1. In order to allow the rotation of the neck, this is needed to allow spaces for C1 to C7. Therefore, the alignment of T- and L- bones should be done in the beginning.

2. After the T- and L- bones are treated, this is needed to pat the back using the hollow palm in order to ensure the blood circulation is steady and ready for the treatment.

3. Kneading is needed to warm the neck muscles.

4. Press the acupoints (Fengfu (GV16), FEngchi (GB20), Tianzhu (BL10), Jianjing (GB21), Quepen (ST12)) to stimulate the nerves, starting from the shoulders (acupoints related to the lung and cardio functioning) to the skull.

5. Stretch and rotate the neck when the patient is lying down horizontally.

In summary, Ho's Tuina (bone fixing stream) is about the interaction between nerves, muscles and bones. It is based on the theories that support a holistic approach to view the human body from three dimensions: physical, mental and spiritual under the ecological framework. The Tuina process is not the end but rather the means for self-healing. Although we trust that human beings have their own internal self-healing mechanisms, individuals are unable to fix their own misaligned bones and therefore Ho's Tuina, with its emphasis on bone fixing, is essential for furthering self-healing processes or other kinds of treatments.

第二章：

推拿向華夏文明的頌揚

讓推拿為華夏文明增輝
北京華醫天然藥物研究院副院長：
何文權中醫師（主管骨傷推拿科業務）

各位讀者，祖國五千年的文明歷史星光熠熠，璀璨奪目。中醫推拿，是祖國傳統醫學的寶貴遺產，是具有豐富學術內容的一門臨床學科。她上溯遠古，下逮現今，光照社群，文明邐迤，歷久不衰。本人何文權，在從業三十多年的推拿服務與研究當中，在中央及各級政府與社會各界的悉心愛戴與鼎力匡扶之下，致力社會，潛心研究，臥薪嘗膽，辛勤耕耘，開拓前進。期間，既有成功，也有挫折；有經驗，也有教訓。為了繼承和弘揚祖國的推拿醫學，為祖國乃至全人類的幸福、文明與進步事業作出了自己的一點點貢獻，實在是微不足道。

　　接下來，本人集結多年來臨床與學習之點滴心得，分三個向導跟大家分享何為推拿。

1、推拿源於華夏文明

（一）尋珍問古

　　古人云：「欲知大道，必先知史。」推拿歷史源遠流長。通過醫德、醫籍及諸子百家的有關論述，推拿學不斷發展，為華夏乃至全人類作出了卓越的貢獻。在殷代武丁王時期（前1324年至前1266年）留下的甲骨文中，曾不下十次記載了宮廷的按摩醫事活動和男女按摩醫師的名字。據前蘇聯學者考證，甚至比這還要早一千三百餘年，中國就有了推拿按摩的專著。儘管蘇聯學者導引中國按摩著作尚需考證，但是，從《漢書・藝文志》上即載有成書於先秦的《黃帝岐伯按摩》來看，特別是將長沙馬王堆墓園出土的《導引圖》與其上述文字敘述對照起來，外國學者斷言中國在四千餘年

前即擁有世界上最早的按摩專著，決不是空穴來風，了無憑據的。我們不否認古印度、古埃及、古希臘、古羅馬在同一時期（有的甚至更早）也曾有過如此輝煌的按摩成就。但是，曾幾何時，這些古代的文明，已成明日黃花，唯獨中國幾千年的歷史傳統從未被割斷，只有這片泛土，孕育出中醫學（包括中國推拿）這棵參天大樹，結出纍纍碩果，實在是舉世不凡，可歌可泣。

　　新的世紀，新的畫圖。二十一世紀的醫學將會以何種面貌出現？我們無法勾畫出她的全部圖景。但有一點是可以預料到的，即現代醫學與傳統醫學都不可能完全沿著舊的軌迹繼續往前走。人類所面臨的嚴重疾病的挑戰和人類對健康的新理解和更高的要求，將促使兩種醫學體系更加接近，發生不可避免的碰撞，乃至最後匯成一股洪流。近年來，雖然來中國學習中醫的人日益增多，到國外從事中醫的人也與日俱增，但由於中西方文化背景的鴻溝太深，這兩種醫學體系在相互交流和碰撞之時，必須要選擇一個最合適的接觸點。從浩瀚的史料與個人的淺見看來，上世紀的熱點是針灸，本世紀的熱點很可能就是推拿。道理很簡單，「土」即是「真」，推拿畢竟是一種對人體沒有任何損害的自然療法，又是一種手的藝術，一旦東西方同是創造醫學奇蹟的兩隻手緊密握在一起之時，毋庸語言的解釋，一切文化背景的差異都將冰化雪消。因此，我們必須趕在這一個歷史性碰撞和交流到來之前，抓住一切機遇，大力做好一切充分的準備。而當前最重要的學術準備，就是要通過我們這一代推拿工作者的孜孜追求，不懈努力，將中國推拿學的宏偉體系逐步建立起來，使之成為一座跨越歷史、橫貫中西、通向未來、服務社會的嶄新橋樑。

（二）理論探索

　　祖國醫學認為，經絡在人體內有運行血氣，溝通內外，聯絡臟腑，貫穿上下的作用。人體通過經絡系統把各個組織器官連成一個有機的整體，以進行正常的生命活動。

　　按摩治療疾病，就是通過臟腑經絡，營運氣血等學說，並根據疾病發生的不同原因和症狀，運用不同的補瀉手法，以柔和、輕按之勁，按穴道、走經絡，以此來改善經絡的功能活動和調節衛氣營血，並通過經絡的傳導作用，調整臟腑組織器官的功能，從而扶正氣，祛邪氣，達到治療疾病的目的。按照本人從事推拿的實踐與初步體驗，其科學原理大體可概括為四個方面：

- ·其一是物質精神學。即物質與精神之相互作用。眾所周知，推拿是中醫學的一個分科，它有與其他學科所不同的基本知識與一套特殊的技能。同時，推拿又是以中醫基礎理論為指導的一種外治法。然外治之理即內治之理，醫理相通。一方面強調精神的作用，既有患者的心理，以及與醫師的溝通程度。對此，均須引導病人平衡醫患關係，並與醫生密切配合，形成除魔健身的理想氛圍；另一方面又要強調物化的主導作用，如推拿與藥物相結合的「藥摩方」就是一個明顯的例子。即是說，在治療過程中，切不能忽視物療的不可替代的因素。

- ·其二是穴位功能學。根據中醫經絡學說，運用按摩推拿手法或者借助於一定的按摩工具在人體的特定部位（穴位、反射區、疼痛部位等）進行的疾病治療方法。經過歷代不斷的創

造和總結，穴位按摩已經發展成為一門具有獨特治療體系的臨床學科，在理論和實踐上都得到了廣泛的應用。古代的名醫扁鵲、張仲景、華佗、楊繼洲等，十分推崇穴位按摩的治療方法，使其在當時的臨床治療中得到了廣泛的臨床應用。

· 其三是藥、械推進學。我國出土的漢代馬王堆醫書《五十二病方》就已經記載了推拿治病的根本，還有利用工具進行按摩治療的報導，如治療疝氣用「木錐」，治療性功能障礙用「藥巾」等。此外，我用的兩種食療湯水，無非幫助病者強壯機能，排除毒素；「蒜頭煲田雞」中的蒜頭可壯腎陽，田雞含高蛋白則益肝，「紅絲線、屈頭雞、羅漢果煲豬肉」中，紅絲線補充紅血球，屈頭雞治療淋巴炎。總之，這種運用藥物與器械相互配合，達到治療目的的特種治療，在本人臨床中常有運用，藥、械互為作用，療效明顯凸現。

· 其四是生命運動學。應用技巧性手法，仍為中醫推拿療法之特色之一。其通過運動，刺激調理，協調人體各部分機能的作用，達到強身健體之理念。在個人長期從事推拿治療的過程中，親身體驗較深的一條就是推拿拍打促進新陳代謝。

於 2003 年不幸染上 SARS 的香港家庭主婦梁女士，飽受 SARS 後遺症的折磨逾年。經朋友介紹，她接受了本人推拿正骨治療及按照上邊中醫推拿理論，服用一些食療湯水、中成藥，效果十分理想。她樂於把治療康復的全過程一一介紹出來，讓社會大眾受惠。詳情請參閱後文〈第五章：個案分享（II）：1. 拍打功拍走 SARS 後遺症〉。

（三）治療原則

在中醫推拿治病過程中，由於疾病的症候表現多種多樣，病理變化極為複雜，且病變又有輕重緩急的差別，不同的時間、地點，不同的個體，其病理變化和病情轉化不盡相同。因此，只有善於從複雜多變的疾病現象中，抓住病變本質，治病求本；採取相應的措施扶正袪邪，調整陰陽，並對病變輕重緩急以及病變個體和時間、地點的不同，治有先後，因人、因時、因地制宜，才能獲得滿意的治療效果。歸納起來，個人認為推拿治療原則主要有四個方面：

一是治病求本法。治病必求其本，是中醫推拿治療之基本原則之一。其本，是指治病要了解疾病的本質，了解疾病的主要矛盾，針對其根本的病因、病理進行治療。

「本」是相對於「標」而言的。標本是一個相對的概念，有多種含義，可以說明病變過程中各種矛盾的主次關係。從正、邪雙方來說，正氣是本，邪氣是標；從病因與症狀來說，病因是本，症狀是標；從病變部位來說，內臟是本，體表是標；從疾病先後來說，舊病是本，新病是標；原發病是本，繼發病是標。

任何疾病的發生、發展，總是通過若干症狀顯示出來的。但這些症狀只是疾病的現象，並不都反映疾病的本質，有的甚至是假象。只有在充分地了解疾病的各個方面，包括症狀表現在內的全部情況的前提下，通過綜合分析，才能透過現象看到本質，找出病之所在，確定相應的治療方法。例如腰腿痛，可由椎骨錯位、腰腿風濕、腰肌勞損等原因引起，治療時就不能簡單地採取對症止痛的方法，而應通過全面地綜合分析，找出最基本的病理變化，分別用糾正椎骨

錯位、活血祛風、舒筋通絡等方法進行治療，才能取得滿意的療效。這就是「治病必求其本」的意義所在。

二是扶正祛邪法。疾病的過程，在一定意義上，可以說是正氣與邪氣矛盾雙方互相鬥爭的過程，邪勝於正則病進，正勝於邪則病退。因而治療疾病，就是要扶助正氣，祛除邪氣，改變邪正雙方的力量對比，使之向有利於健康的方向轉化。所以扶正祛邪也是指導臨床治療的一條基本原則。

「邪氣盛則實，精氣奪則虛」，邪正盛衰決定病變的虛實。「虛則補之，實則瀉之」，補虛瀉實是扶正祛邪這一原則的具體應用。扶正即是補法，用於虛證；祛邪即是瀉法，用於實證。祛邪與扶正，雖然是具有不同內容的治療方法，但它們也是相互為用、相輔相成的。扶正，使正氣加強，有助於抗禦和驅逐病邪；而祛邪則祛除了病邪的侵犯、干擾和對正氣的損傷，有利於保存正氣和促進正氣的恢復。

在臨床運用扶正祛邪原則時，要認真細緻地觀察和分析正邪雙方相互消長盛衰的情況，根據正邪在矛盾鬥爭中的地位，決定扶正與祛邪的主次、先後，或以扶正為主，或以祛邪為主，或是扶正與祛邪並舉，或是先扶正後祛邪，或是先祛邪後扶正。在扶正祛邪並用時，應以「扶正而不留邪，祛邪則不傷正」為原則。

三是調整陰陽法。疾病的發生，從根本上說是陰陽的相對平衡遭到破壞，即陰陽的偏衰代替了正常的陰陽消長。所以調整陰陽，也是臨床治療的基本原則之一。

陰陽偏盛，即陰或陽邪的過盛有餘。陽盛則陰病，陰盛則陽病，治療時應採用「損其有餘」的方法。

陰陽偏衰，即正氣中陰或陽的虛損不足，或為陰虛，或為陽虛。陰虛則不能制陽，常表現為陰虛陽亢的虛熱症；陽虛則不能制陰，多表現為陽虛陰盛的虛寒症。陰虛而致陽亢者，應滋陰以制陽；陽虛而致陰寒者，應溫陽以制陰。若陰陽兩虛，則應陰陽雙補。由於陰陽是相互依存的，故在治療陰陽偏衰的病症時，還應注意「陰中求陽」、「陽中求陰」，也就是在補陰時，應佐以溫陽；溫陽時，適當配以滋陰，從而使「陽得陰助而生化無窮，陰得陽升而泉源不竭」。

陰陽是辨症的總綱，疾病的各種病機變化也均可用陰陽失調加以概括。表裡出入、上下升降、寒熱進退、邪正虛實、營衛不和、氣血不和等無不屬於陰陽失調的具體表現。因此，從廣義來講，解清攻裡、越上引下、升清降濁、寒熱溫清、虛實補瀉、調和營衛、調理氣血等治療方法，也皆屬於調整陰陽的範圍。

四是時宜辨症法。時宜辨症是指在治療疾病過程中，做到因時、因地、因人制宜。即是說，治療疾病要根據季節、地區以及人體的體質、年齡等不同而制定相應的治療方法。這是由於疾病的發生、發展是受多方面因素影響的。例如時令氣候、地理環境等，尤其是患者個人的體質因素對疾病的影響更大。因此，在治療疾病時，必須把各個方面的因素考慮進去，具體情況具體分析，區別對待，酌情施治。

在推拿臨床中，更須注意因人制宜。根據病人年齡、性別、體質、生活習慣等不同特點，選擇不同的治療方法。一般情況下，若患者體質強，操作部位在腰臀四肢，病變部位在深層等，手法刺激宜大；體質弱、小兒患者，操作部位在頭面胸腹，病變部位在淺層等，手法刺激宜較小。其他如患者的職業、工作條件等亦與某些疾病的發生有關，在診治時也應加以注意。區別對待，靈活運用。此外，本人在臨床實踐中還深深感覺到應著重從減輕病患、縮短療程、受惠百姓、造福社會等原則出發，在就醫施症過程中真正體現一切為了患者，一切為了社會，做到仁心仁術，受惠廣大社群。

2、讓推拿獻身華夏文明

本人行醫方式是應用骨傷方面的傳統中醫藥學為基礎。本人的骨傷療術是祖傳的。童年時已開始跟隨先父的永安堂藥行（五十年代位於香港筲箕灣東大街的中藥店）合伙人江濟時藥師學習中醫術，對骨傷療術最有研究，飽閱群書。三十多年來，我不斷鑽研及積聚無數的臨床經驗，望、聞、問、切，診症準確，主要以「椎骨復位法」及「經絡平衡術」手力治病。以臟象及經絡等理論為指道，運用各種合適的手力和手法治療為外治手段，進而疏通經絡氣血，調整臟腑功能，幫助血氣循環，增加人體內分泌和免疫功能，達到祛病攝生的目的。在極短的時間內，可解除病人的疾苦，功效顯著。這都歸於中醫理論，歸於華夏文明的方方面面。

幾十年的臨床經驗表明，本人醫治的病人主要都是頸腰脊椎有毛病的，痛苦不堪，甚或坐臥難安，寸步難行。本人斷症迅速，用

揉捏推拿正骨之法，把病人的頸椎腰椎脊椎等的偏差移回正位，解除神經受壓部位所產生的痛楚；再加上適當的病理推拿，舒經活絡，使病人的神經得到鬆弛，使其身體機能狀態便漸入佳境，回復健康，此非藥物治療或西方醫術之外科手術可比擬。本人曾醫好的病例無數，其中甚至包括中風者。也包括本人年紀老邁的母親，她今年已90高齡，但經過本人長年累月堅持不懈的推拿按摩治療，她如今眼不矇，耳不聾，不僅個人生活自理好，有時還能協助料理家務，甚至還與記者暢談以往香港及家庭一些往事。對於血壓高的病人，本人則為他們進行適當的病理推拿。首先，是通過肌肉運動對大腦皮層的影響，調節血管和舒張神經中樞，使其活動趨向正常，促使血壓下降。其次，血管和肌肉之間是有緊密聯繫的，凡是能使肌肉放鬆的按摩和體操，也是能使血管放鬆的，血壓因而下降。此外，在推拿治療的過程中，肌肉的自身收縮在體內產生了一些化學物質（如三磷酸腺甘、組織胺等物質）。這些物質流入血內，有擴張血管的作用，從而幫助血壓下降，使病人得以再有健康，病情受到控制而不會惡化。至於遇有癌病、內出血或於意外中受傷而嚴重骨折的病人，本人例必要求他們必須到醫院檢查和診治，因這已非本人醫治能力範圍之內。

應用手力治病是一門非藥物亦非使用任何器材的手術治療法，是很方便的醫治方式。本人醫治病人使用的物料只是本人一雙手及任何一款油類（通常是強生嬰兒油或坊間藥油）。要了解手力治病整體療法，必須要有足夠的學識，了解骨傷病理、人體結構、骨骼組合形態與營養等等方面知識，以及病人的精神心理。這是因為骨骼和神經中樞有直接的關連。骨骼影響神經系統，反過來神經系統又影響骨骼，兩都互相影響。只要把握病證重點，一舉出擊治療，

便會迅速收到事半功倍的效果。病人得益，間接不會浪費社會的珍貴資源。在從醫過程中，本人多數上門應診，特別是急症病人，因為本人只需備本人一雙手及腦袋再加上一瓶嬰兒油便足夠了。

本人身為基督徒，深明「施比受更為有福」之道理。行醫的目的，乃實踐這個道理，濟世為懷。看見自己的絕學可減免病者的病痛，看見康復的病人能重獲歡笑，確確實實是人生的最大樂事和福氣。在這裡，本人特別與各位順便再介紹一下在許許多多經我診治的朋友中感觸比較深刻的一位患者，他的名字叫做羅智毅。其信函的題目叫做《我親身見證了何文權醫師》。這是不久前他寫給本人的一封感謝信，現與大家分享分享。

我是一個生於斯長於斯的大個子中國籍香港人，身高一點七八米，體重一百公斤，任職於一頗負盛名的多元化國際機構。作為一個行政人員的我，平常的工作完全不用涉及體力勞動，每星期有三至五天要在深圳上班，周末則返港與家人歡度。

2002年12月一個有著明媚陽光的和暖冬日，我如常和我的幾位同事們駕著麵包車外出午膳，一切都沒有任何異樣，直至我跨出車廂的那一刻，突如其來的只覺右臀至腰位那部位一下子發麻，緊接著的是一陣劇痛，那錐心痛彷彿源自尾椎與右臀之間，活像有那麼一支大針在那裡轉著扎了一下，痛得我登時蹲踞地上，動彈不得，同事們都狐疑著，怎麼剛才還生龍活虎的我，頃刻間會成了這樣子。他們惟有合力把我攙扶回到公司，把我安置在休息間，服過止痛藥，乖乖的躺下歇息。

躺著、想著，我都有點兒莫名其妙，自忖著從來背腿都沒有傷過，也有好長一段時間沒有運動，這「痛」真不曉得從何而來。

　　翌日早上，情況未見好轉，於是，在一位同事陪同下，我還是選擇了返回香港尋求治療，從那一天便開始了我的漫漫病假。

　　抵港後，第一時間我便約見了我的家庭醫生 W 醫生。經他的檢查後，他說也許只是些微的肌肉扭傷，但絕對沒傷到骨，他給我配了些內服消炎藥和外用油膏。用後情況不但沒有改善，反之有惡化的趨勢。隔了一天我又再次造訪 W 醫生，在醫生指定用的藥外，我得自加 500mg「必理痛」和熱敷，以圖盡快解除痛楚。三天過去了，我的妻見我依然沒甚起色，於是給我介紹了一位私家醫生——L 醫生。L 醫生是前政府分區診所醫師，經過他的檢視後，因為我從來沒有扭傷過的記錄，他便建議我往政府醫院排期（正常需時兩個月），做一次磁力共振（MRI），旨在找出病源。這期間，L 醫生只能給我做了注射和開一點更重的口服止痛藥（包括 Voxx）。

　　一經注射，所有的疼痛在五分鐘內消失殆盡，那感覺實在太美妙了。但這歡愉維持不了多久，只幾句鐘功夫吧！那痛又再鋪天蓋地而來。說老實話，我長這麼大，真正經歷「痛」，今次還是第一遭，而這「痛」也真是令我沒齒難忘。

　　又幾天過去了，我的病情急轉直下，從早到晚，那「痛」無時無止地在攻擊著我，轉動一個體位都能引起劇痛，簡直如從坐在椅子上到站立起來這麼個動作就得花上一分鐘時間。在家裡走動都得扶著手杖，如廁就更是惡夢般難受，那劇痛每每痛至渾身冒汗，光是替換汗濕了的內衣也得每天忍著疼痛來進行好幾次。各式各樣的

止痛藥對我來說已經起不了任何作用，剩下來只有熱敷和冷敷還勉強可以幫點忙，心裡不期然害怕著有朝一日連這些都不再奏效時，我又該如何是好呢？

別以為睡覺就能給我點好過的時候。單單「上床」我就得花上二十分鐘，我要慢動作掙扎著一點一點挪動著整個軀體，把它放到床上。跟著「躺下」這動作就能讓我痛上幾分鐘，等這幾分鐘的「痛」過去了，我才可以進行下一個動作。在睡夢中，每次不自覺轉身都痛得我尖叫醒來，如是者，我要我的妻把我的雙腿縛在一起，然後把我的一條手臂枕在她的枕頭底，省得我在睡夢中再轉身時又再痛醒。

這「痛」似乎還是沒完沒了，雖未置我死地於瞬間，但它已令我不勝其煩，且深惡痛絕得近乎崩潰，往昔壯健如牛的我如今竟成了這個家的大包袱，我再不能來去自如，就是有了妻的撐扶我還得拄了手杖才能蹣跚移動，每走十來步，就非得歇下來喘息一下，情何以堪！

就這樣又過了兩天，看著實在不能再這樣過下去，我決定不再等候政府醫院的排期，毅然跑去再找著 L 醫生，請他把我轉介到私家醫院去。他見我這段日子下來，整個下背部，由臀至腰間的一帶已瘀攣至呈瘀黑色，立刻就給我注射了上次用過的止痛針藥，這一次竟一點反應都沒有，劇痛依然。

就在第二天的下午，L 醫生把我轉介到浸會醫院。

甫抵浸會醫院，等不一會，馬上被送到磁力共振部。那一刻我已痛得整個人捲起，完全躺不平，簡直送不進那磁力共振機。下午四時左右，那裡的醫生給我打了一針，並給我用了熱水袋，五時再打一針，但依然沒有起色，醫生們也無計可施，惟有把我由門診部轉往住院部，得留院一宵觀察，並指派 C 醫生作我的主診醫生。

　　一入院門深似海，真不知哪一天才可出院了。只好給我的老闆黃明鑫太平紳士打個電話請假，黃先生驚訝不已，他馬上向我推薦何文權醫師，並謂曾無數次親眼目睹何醫師神蹟般治愈許許多多其他醫生不能治愈的病徵。他立刻給何醫師搖了電話安排一切，可惜我當時已身陷醫院，最快都要翌日下午才能來得及往見何醫師。

　　與此同時，這邊廂我在醫院，無奈地讓他們給用更強的藥物，包括口服和注射。第二天早上八時半我終於平躺著讓他們順利換床推送到 MRI，塞進磁力共振機內，花了二十分鐘完成了這次的掃描。同日下午，MRI 的報告出來了，C 醫生解釋了我的病源是脊椎間盤移位，特別是 L5/S1 尤為嚴重，壓迫了右 S1 脊椎神經造成是次劇痛；他說遺憾的是至今才根查出病源，一切為時已晚，再沒有物理性和藥物性治療可以施行，唯一能幫上忙的只有立刻動手術，並謂是次手術並非一次小手術，且具一定程度之風險，他著我早作決定，否則病情再進一步惡化的話，極有可能導致下肢癱瘓，則後果堪虞。

　　說到動手術，我確實是萬二分不情願。手術具風險當然是不爭的事實，何況是脊椎手術，手術完滿成功後的物理和藥物治療都要維持頗長一段時間才能得以康復，要是萬一弄得不好，那結果就更不堪設想了。

事到如今，何醫師似乎是我的唯一的、最後的一線生機了。

下午三時我對 C 醫生的嚴重警告置若罔聞，堅決辦理離院手續，他說院方對我的擅自離院引起的任何後果將不會負任何責任，我只好簽妥一切有關文件，毅然離去直奔我的最後一線曙光何醫師那裡。

回首當天我已記不起咱們夫婦倆是如何到達何醫師的診所，反正最終我們還是到了何醫師眼前。把我的故事細說從頭，何醫師聽完後，花了一分鐘不到的時間端詳了我，並保證很容易、並很快地給我解除痛苦。他解釋說此次禍事出於我的骨架被扭曲，形成不對稱現象，痛楚看似源於尾椎，其實是頸椎首先移位再禍延胸椎，再把不正常的壓力加給尾椎，引致尾椎移位，中樞神經被壓而引起劇痛。這一連串的骨牌效應式的病徵並不是始於朝夕之間，追溯起來很可能是十年前已開始出的問題。

前後花了約莫十分鐘時間，何醫師先給我做了點熱身，然後使出獨有的中國推拿手法，矯正了我的胸椎。就在這當兒，神奇的事發生了，似乎有一股什麼液體在我體內從上向下流，足有十秒鐘之久，立刻我尾椎處發緊的感覺鬆開了，何醫師著我躺下，用同樣的手法糾正了我的下肢和腳。

第一階段的診治至此告終，臨行前，何醫師授予「雞腳湯」的處方，囑咐我返家後熬了喝，此湯除營養豐富外，更能補補我那日久受損的脊椎。

只這一次的治療，我的情況明顯改善很多，雖然疼痛還未完全去盡，儘管我的手杖還未能丟掉，但我已不用妻的撐扶而可走差不

多二十步之遙，晚上上床也不用掙扎二十分鐘那麼久，於願足矣！

第二天一早，我又依時到何醫師處。這次，何醫師用同樣的手法，加重了力度給我推拿，那奇妙的感覺又來了，我肯定我的感覺準沒錯，同樣的一股液體在我體內從上往下流，這次足足維持二十分鐘那麼久。何醫師說第一天的治療針對矯正舊的不對稱骨架，第二天的治療則集中重修骨架，使之對稱，兼且給尾椎部分締造新的弧度。當我踏出何醫師的診所時，我已能不用手杖自己慢慢走著下樓回家去。

在何醫師的一連串治療中，我的病情每天都在進步中，一如下面所列：

· 完成第一次治療（第一天），我已能輕易地上床就寢。

· 完成第二次治療（第二天），我已能不用手杖自己走路。

· 完成第三次治療（第三天），我已能返香港公司上半天班。

· 完成第四次治療（第五天），我已能返回深圳辦公室上班，並全面停服所有止痛藥。

公司的同事們知道我只做了四次治療便能如常上班，都驚訝不已。在這裡，我再一次對何文權醫師致以最深的謝忱，沒有他那既專業又出色的醫術，我又怎能在短短的幾天內迅速好轉，並完全恢復過來，沒有了他，我恐怕還在受那無邊無涯的痛楚煎熬，另外我還得感謝黃明鑫太平紳士，沒有他的關注和引薦，我又如何能遇上像何醫師這樣的高人。

打從第四次治療後，每星期我都會造訪何醫師一至二次，以期徹底根治我這惡疾。

經此一役，讓我認識到健康和家庭乃是人生中最最寶貴的，沒有了它們，就是賺得更多的財富也是枉然。

我現在每周一次走訪何醫師，旨在保持身體健康。在過去的半年裡，在何醫師那邊有幸目睹他老人家對其他病人施以妙手醫術，不論男女老少，反正都是奇難雜症，都是其他醫者束手無策的症候，何醫師都能一一治愈，且是那麼輕而易舉。我也不時與我的摯愛親朋們分享這一次的經歷，並給他們引薦何醫師，他們每一位都能得著極滿意的療效，真真萬二分感激何醫師！

我試著列舉一些何醫師的治療特色：

· 專治一些平常中西醫都無法治療的病案。

· 「快」是何醫師的一大特色，通常只需十至二十分鐘即可見效。

· 只需一兩次治療即可有顯著進步。

· 單憑肉眼觀察病人的外觀，即可準確斷症，什麼 X 光、MRI、化學驗證均無須勞駕。

在往後的日子裡，在不同的場合有機會再遇上以前的那些醫生，或新相識的醫者，我都會跟他們分享是次神奇經歷，以下是他們各自的不同反應：

· C 醫生：一個月後我的保險經紀讓我提供浸會醫院的入院證明，於是得往 C 醫生那裡索取，他聽過我的故事後，簡直就不能相信沒有通過手術可以治愈我的病。

· X 醫生：因我曾在政府醫院排過期，在完成何醫師的治療後兩個月，他們給我安排了連串檢查，包括一些進一步體檢和 X 光，X 醫生負責是次檢查，對比了前次在浸會醫院照的 MRI 片子，他說 C 醫生決定給我動手術的方案是絕對正確的，我那病單單通過物理和藥物治療而可奏效壓根兒就沒有可能，無論如何，從今次照的 X 光片子，X 醫生完全看不出我的椎骨有任何異樣，但他對何文權醫師的成功治療則保持緘默。

· L 醫生和 W 醫生：幾個月後我分別因為感冒和敏感求診於 L 醫生和 W 醫生，兩位分別問及我上次的脊椎病，二位均深表詫異，不過他們二位都不約而同否定純粹通過中國推拿便能治愈此病之可能性。

確確實實的，本人親眼目擊並親身經歷了何醫師的專業中國推拿治療，我十二萬分樂意跟任何人士分享我這次的寶貴經驗。

再一次，深深感激何醫師和黃明鑫太平紳士！

各位讀者，經我治愈的眾多病患者當中，羅智毅只不過是其中之一位。羅智毅個人的真切感受既是對我本人的一點褒獎，更是對華夏幾千年文明寶庫——中醫推拿，這一顆璀璨明珠的又一個極其有力的肯定。

　　中醫推拿，在華夏這塊文明沃土中孕育、萌芽、生長、發展，經歷了十分漫長的歷史過程。本人認為，時至今日，隨著祖國現代化建設的不斷推進，中醫推拿將會愈加發展，展示出其特別強勁的時代精神。

　　一是推拿與文明「孿生」。人們常說，推拿是「富貴病」，就是說祖國富強了，百姓富裕了，社會發展了，人們將更加注重「健康問題」。沒有痛苦，沒有後遺症的中醫推拿，就會越益受到群眾與社會的青睞；二是推拿與效益「同行」。中醫推拿，力求減少病者的治療時間，減少社會資源的耗費，減少患者的痛苦，一句話，就是提高診治的最佳值。這個「最佳值」越高，效應就越好，就愈加會受到社會各個方面的推崇；三是推拿與健康「同在」。中醫推拿，以百姓健康為最終的出發點和落腳點，隨著時間的推移與社會的文明進步，「推拿」與「健康」兩者的關係將會愈加密切，愈加發展。可以預言，隨著中華民族偉大復興進程的不斷加快，中醫推拿這顆耀眼的東方明珠，一定會萌發出更加奪目的光彩！

3、努力拓展祖國中醫推拿事業

上述方方面面，中醫推拿的臨床經驗與歷史發展充分表明，努力拓展祖國的中醫推拿事業，是百姓的需要，是民族的需要，是社會的需要，是全中國乃至全世界的共同呼聲。因此，培育好、發展好祖國的中醫推拿迫在眉睫，時不我待。本人認為，當前我國政府及其主管部門應著重從以下五個方面進一步做好有關工作：

第一，要優化環境。特別是人文環境與輿論環境；要著重加強中醫推拿知識的宣傳，進一步提高全社會確立中醫推拿是華夏文明重要組成部分的高度認識，從而自覺學習中醫推拿，宣傳中醫推拿，應用中醫推拿。尤其是中央及各級人民政府，要採取必要的政策措施，為中醫推拿的宣傳大開綠燈，從多個方面營造中醫推拿宣傳的良好環境。

第二，要整合資源。從本人所掌握的情況看來，中醫推拿方面的資源還比較豐富，只不過是由於過去各個方面的不到位而導致中醫推拿人才的荒廢與青黃不接的現象。為此，必須要從各個方面努力，尤其是各級的人事、衛生管理部門，要建立好有關人才檔案，進一步盤活中醫推拿的人力資源、智力資源，讓中醫推拿更好地造福人類社會。

第三，要加強培訓。社會對中醫推拿較大的需求與社會人才存量的不足與素質的不高，決定了全社會對中醫推拿人才培訓的極端重要性。為此，希望中央和地方各級政府要在強化中醫推拿方面，多花大氣力，認真做好工作。一方面，要加大中醫推拿學校的建設，

通過學校的教育更好地滿足社會人才的廣泛要求；另方面，要加強師資方面的培訓，為高素質人才的培養造就更好環境。此外，還要加強中醫推拿理論的探索與研討，促進中醫推拿在服務社會與自身建設方面跨上一個更新的台階。

第四，要增加投入。推動中醫推拿事業的發展很重要的一項工作，就是要加大資金投入力度。一方面中央及地方各級政府，隨著地方經濟的不斷發展，要適度加大對中醫推拿事業建設的投入；另一方面，還要充分發揮社會的力量，抓好社會融資。即是說，要採取「幾個一點」的辦法，從各個方面為發展中醫推拿事業融通資金，做好牽線搭橋工作。

第五，要強化領導。千方百計加強對中醫推拿事業的領導，是推進中醫推拿事業更好發展的一個至關重要的因素。個人認為，從中央到地方各級政府要從組織領導、扶助政策、機制建設與服務跟蹤等方面，切實加以做好工作，確保祖國的中醫推拿事業沿著正確的軌道健康發展。

此外，在推拿中西融通化、推拿大眾化、推拿科學化與推拿臨床化方面也要抓緊，努力做好有關工作。發展中醫推拿事業要做的工作的的確確千頭萬緒。但是，當前我覺得至關重要的就是要切實抓好「三大中心」的建立。

其一是建立中國兒童骨科會診中心。據了解，目前兒童患上脊椎側彎在香港非常普遍，可惜現時醫學界還未能找到引致脊椎側彎的真正原因，亦沒有任何藥品醫治，唯一可做的是觀察，物理治療（做運動），戴腰封，做手術。在治療中，我的一名 11 歲小患者是

一位女孩子。她在三年前發現患上脊椎側彎，在這幾年一直由政府醫管局跟進，所謂跟進，即是觀察。但眼見小女的情況一直變壞，做父母的非常擔心，只有經常為著小女的病情禱告。在本年 3、4 月期間在與一名曾患 SARS 的學生家長義工閒談時，她家人得知有一位醫師可以醫治小女的病例，於是通過這位學生家長義工幫忙，找本人診治。經過診治不到兩個月，其小女的病情已大大好轉，且身高亦即時有增長，亦沒有時常說骨痛。現在小女的病情已進入保健期，每星期治療一次，使其小女在這幾年發育期間得以好好護理。類似小女孩的病者在香港以及國內當然還有許許多多。這進一步說明，創辦中國兒童骨科會診中心的急切需要。

其二是建立中國頸椎治療中心。香港執業脊醫協會進行的一項調查顯示，本港約有八成市民受腰背痛困擾，但多數市民卻不知腰背痛的原因及影響。協會指出，心臟病、脊椎腫瘤、糖尿病等均可能引致腰痛，市民不應掉以輕心。香港執業脊醫協會會長梁濟康曾在一個研討會指出，英國及美國約有八成人受腰背痛問題困擾，該會最近亦在本港進行研究，共訪問了一千多名市民，結果發現有關數字與英、美相若。他指出，市民的坐骨神經痛只是病徵，而非疾病，主要由於腰椎退化、運動創傷、慢性工作勞損及日常生活姿勢不正確，或因脊骨錯位等原因造成。他說，脊骨錯位在業界被稱為「無聲殺手」，在不知不覺間影響健康。心臟病、脊椎腫瘤、糖尿病等，亦可能引致腰背痛，故市民若有腰背痛應及早治療。梁濟康解釋，脊骨問題可能導致便秘、頭痛、尿頻及手腳麻痺等。另外，人體心、肺、肝等內臟，甚至生殖器的毛病，亦可能受脊骨神經的影響。國內情況，與香港大同小異，涉及人面較廣。因此，建立中國頸椎治療中心也是一項頗大的民心工程。

其三是建立中國沙士後遺症康復中心。去年，全球爆發的沙士病儘管來勢凶猛，但在全球，尤其是在國內，由於黨中央領導集體的堅強有力與英明決策，使該病在中國得到及時的控制，確保了廣大人民群眾的生命安全。對於沙士後遺症，中央及各級政府也採取了十分得力措施進行康復治療。上述列舉的梁女士沙士後康復的全過程，一方面說明了中醫推拿應用的極端廣泛性，同時也充分說明了籌建中國沙士後遺症康復中心的極端必要性。在這裡就不一一羅列。在此，我再一次呼籲：中央及各級人民政府從國計民生之必須，從振興中華之大業，從政府民心工程之宗旨，要盡一切努力，把「三大中心」儘早建立起來，以迎接新世紀中華民族偉大復興之盛事。

　　各位讀者，推拿是祖國醫學的瑰寶，是中華民族奉獻於全人類的一份珍貴的文化遺產，是華夏文明乃至世界文明的重要組成部分。推拿與人類共存，推拿與社會同在，推拿與文明共進。本人作為祖國推拿醫學界的普通一員，深感本人責任之重大，以及所做工作之膚淺，經驗之不足，貢獻之微薄。但是，我將響應中央政府與有關部門之號召，與社會各界一道，為了繁榮祖國的推拿事業，為了全人類的子子孫孫，本人將一如既往，竭盡全力，為中華民族的偉大復興，多發出自己的一點光和熱。多謝大家！

2004 年 8 月 30 日 於香港

骨架結構和相應的症狀

	對應部位	神經受壓後果
C1	頭部血管、大腦垂體、面部、腦部、中耳、內耳、交感神經系統	頭痛、神經過敏、失眠症、頭風、高血壓、精神恍惚、眩暈、週期性頭痛症、健忘症、倦怠
C2	眼神經、耳神經、竇、舌、額頭、乳突骨	鼻竇炎、過敏症、重聽、眼疾、耳痛、昏眩、某種眼盲、斜視、耳鳴
C3	頰、外耳、面骨、牙、三叉神經	神經痛、神經炎、痤瘡、濕疹 乾草熱、卡地、耳聾、增殖腺炎
C4	鼻、唇、口、耳、咽管	喉炎、嘶啞、咽喉炎
C5	聲帶、頸部腺體、咽	頸部僵硬、上臂疼痛、扁桃腺炎、百日咳、哮喘
C6	頸部肌肉、肩部、扁桃腺	滑囊炎、傷風、甲狀腺症狀
C7	甲狀腺、肩、肘滑囊	支氣管性氣喘、咳嗽、呼吸不順、手腕疼痛
T1	手肘以下部位、食道、氣管	功能性心疾、胸痛
T2	心臟、包括冠狀動脈及瓣膜	支氣管炎、肺炎、肺充血（胸膜炎）、流行性感冒
T3	肺、氣管、胸膜	膽囊疾病、帶狀皰疹、黃疸
T4	膽囊、膽管	肝疾、發熱、低血壓、貧血、循環不良、關節炎
T5	肝、太陽神經叢、血液	神經性胃炎、消化不良、胃灼熱
T6	胃	糖尿病、胃炎
T7	胰腺、十二指腸	抵抗力減低
T8	脾	過敏症、蕁麻疹
T9	腎上腺	腎病、血管硬化、倦怠、腎盂炎、腎炎
T10	腎	痤瘡、小丘疹、癤等皮膚病濕疹
T11	腎、輸尿管	風濕病、氣痛、不孕症
T12	小腸、淋巴系統、輸卵管	便秘、結腸炎、痢疾、腹紋、疝氣
L1	大腸、腹股環	盲腸炎、痛性痙攣、呼吸困難、靜脈曲張
L2	盲腸、腹部、大腿	膀胱病、月經不調、小產、膝痛
L3	生殖器官、子宮、膀胱、膝	坐骨神經痛、腰痛、排尿困難、頻尿
L4	前列腺、腰部肌肉、坐骨神經	腿部血液循環不良、腿無力、足踝腫痛
L5	小腿、踝、腳	
薦椎	骨盆、臀	薦髂關節病變、脊椎彎曲症
尾骨	直腸、肛門	痔瘡、瘙癢症、尾骨疼痛

註：C 代表頸椎、T 代表胸椎、L 代表腰椎、
　　S 代表薦椎（薦椎骨由五節連結成一片骨頭）

47

第三章：

推拿要訣

大腦和雙手相互配合，當手接觸病人時，大腦會處理這些感覺，然後轉化為與認知相對應的手勢。雙手應該自動協調，給予相應的治療。

斷症：

· 量血壓

· 上下血壓和心臟比例正常

· 望聞問切，大概了解身體狀況（例如感冒、發燒、氣促、氣喘等等）

· 程度：視乎病情大小，大則不能動。

· 面色（黑色或者是紅色、紫紅色）和血壓是相關的

病理：

· 閱讀書本，觀察症狀。

· 問症，辨症，病理分析，執行，做主體位。

· 增強或重建神經系統

　a. 維他命 B1、B6、B12 保骨質並增強骨膠原

　b. 軟骨素（Chondroitin）、有機硫（Methylsulfonylmethane, MSM）、骨膠原（Collagen）對軟組織有穩回作用

養生之道：

· 運動要適當，不宜過量。

· 多以健康食物輔助身體，要有足夠營養。

· 運動後不能大量灌水，會導致身體機能不能協調，要有足夠
休息。

· 不能過量催逼自己身體，令身體承受不必要負擔。

· 治非病，而非治以病。

病人：

· 要視乎病人情況而使用適當力度，老人不宜過度用力。

· 因為老人的骨骼脆弱，而且身體運作較一般人慢，如果按的
壓力大，可能導致血管爆裂。

· 每幫病人推拿時要適當施術（例如：時間、手法、力度），
不宜過量，過量能令病人身體超出負荷，導致造成其他傷害。

· 幫病人推拿的時候，手法以輕柔和動作慢為佳，但也要視乎
病情而定，用力不當也會令推拿者損害本身身體。

推拿方法：

· 做推拿時，應先以放鬆腦部神經為主，而放鬆腦部神經可以令按摩和正骨時，事半功倍。

· 頸椎連接之血管控制人體 30% 供血量，要是頸椎移位，會導致血氣降低，而且不能帶動心臟血液運行全身。

· 頸椎為帶動全身的位置，腰椎為帶動下半身運作之重要部位，腰椎移位有令下半身造成癱瘓之可能。頸部兩側有大動脈，不能亂按，否則為病人帶來嚴重的傷害。

· 血壓高與頸椎移位不僅令呼吸不暢順，還會導致有流鼻血之現象。

· 判症要確定，而且要對症下藥。要清楚重點而下手，這樣可令病情好轉，有立即復原之效果。

· 骨質早期移位，有可能引致慢性疾病，所以會有很多不同症狀，都在同一位置所導致。因此要慢慢恢復，要服用 B1、B2、B6、B12 的維他命，再加上護骨的補充劑，可保養骨質和恢復骨質的運作。

何氏推拿——標準程序十二步

第一步（放鬆肌肉）

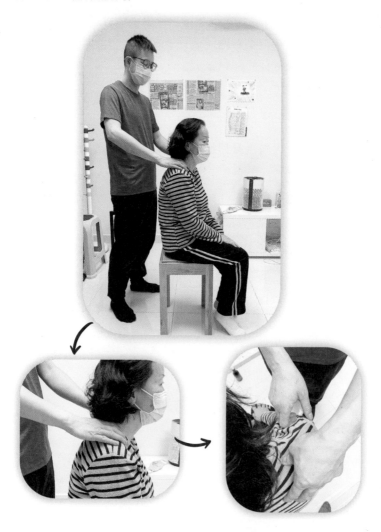

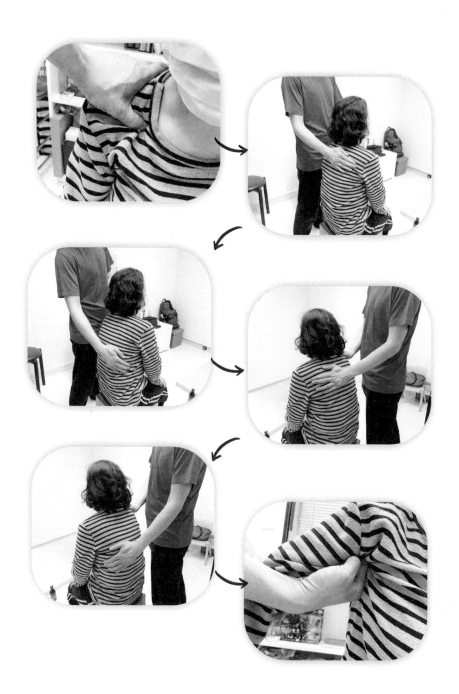

第二步（手部正骨：肩膊、手踭、手腕、手指）

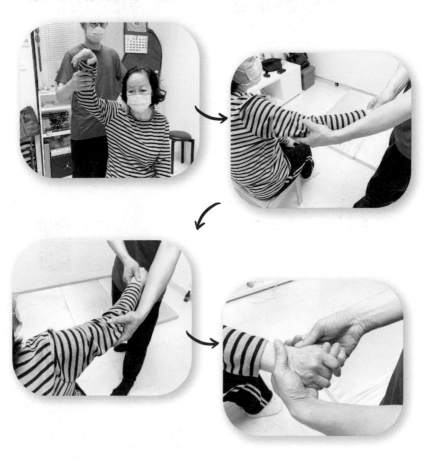

第三步（背部正骨：提起身體令到脊骨因著地心吸力的緣故向下墜）

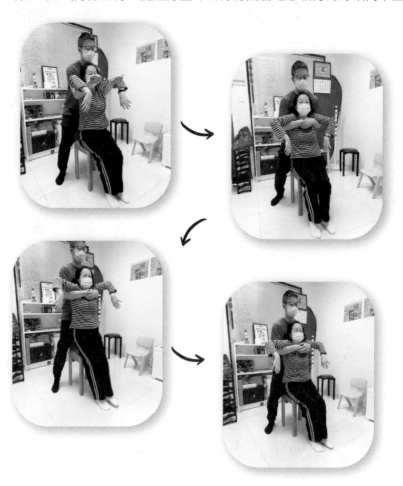

第四步（頸部正骨）

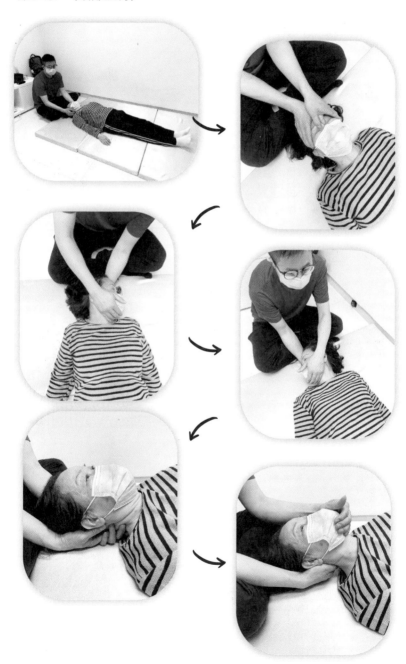

第五步（腰部及背部正骨）

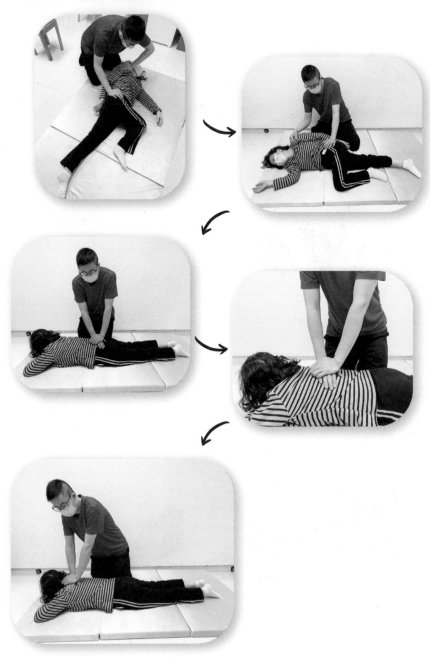

第六步（按壓腿部神經、穴道和筋腱，促進血液循環以令腿部肌肉放鬆）

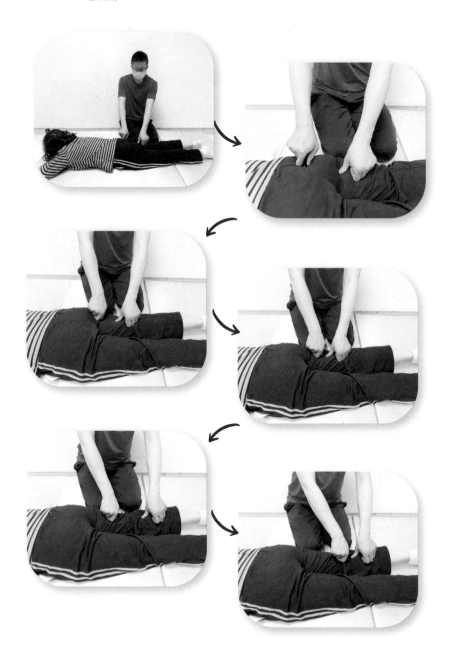

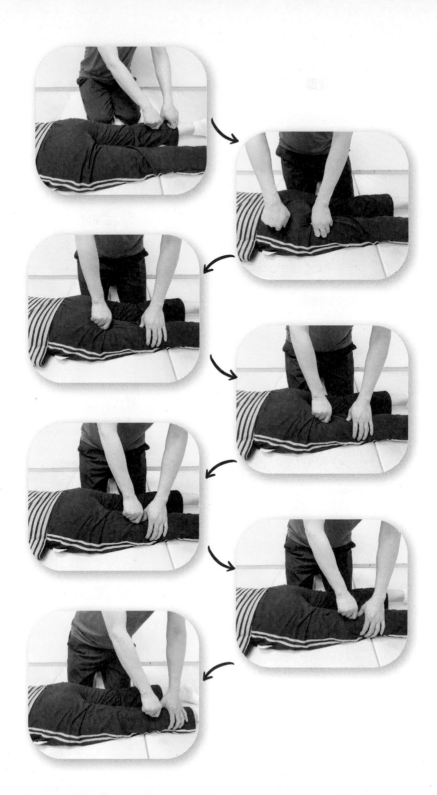

第七步（拍打背部，帶動全身血液循環）

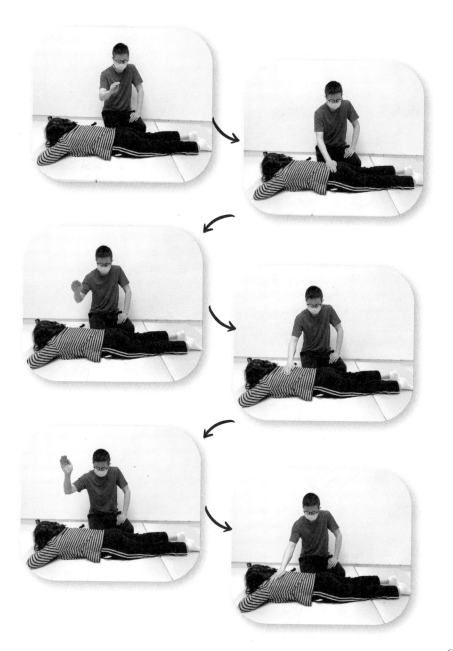

第八步（按壓動脈及穴道促進血液循環）

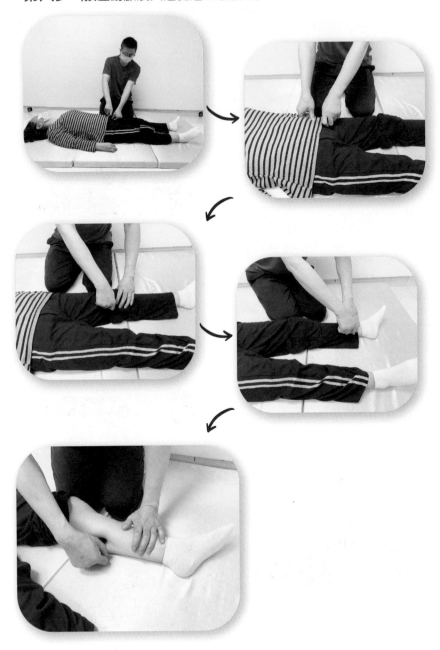

第九步（腿部正骨）

第十步（腳眼復位，按腳底穴道刺激內臟功能）

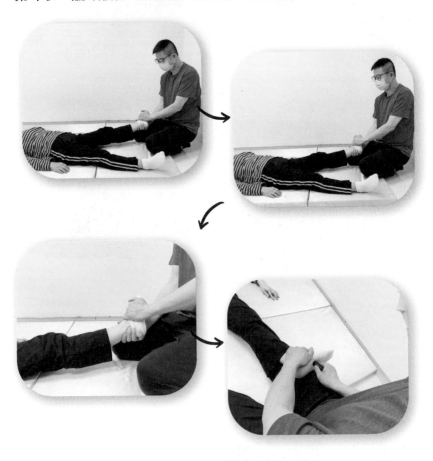

第十一步（以充血療法推動脊椎促進血液循環）

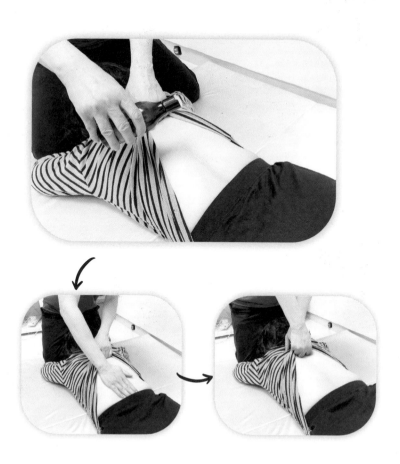

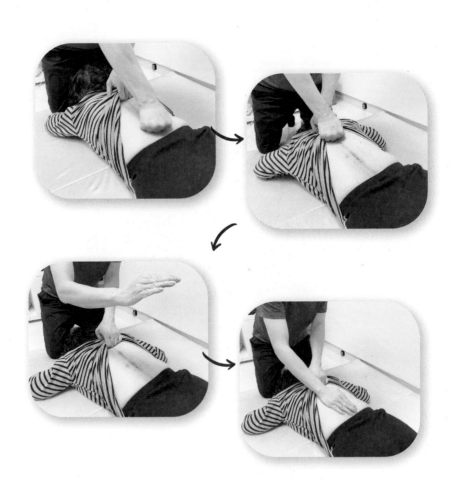

第十二步（拍打肺部延續整體循環）

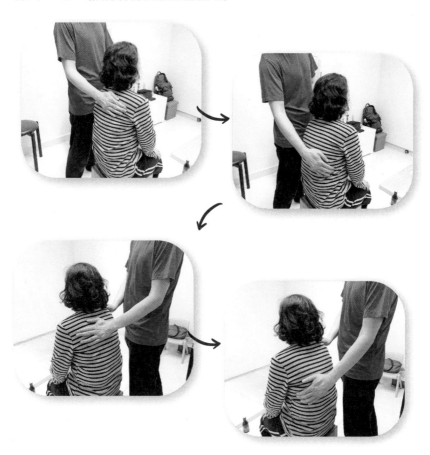

第四章：

個案分享（I）

This section introduces bone fixing treatments related to 1) head, 2) backbone, 3) plate bone, 4) limbs, 5) organs, and 6) skin.

本章介紹與 1) 頭部、2) 脊柱、3) 盤骨、4) 四肢、5) 器官和 6) 皮膚相關的骨骼治療。

1. 頭部

1.1　A 老太爺

病症：有腦中風之現象，故雙腳無力，把左膊頭之位置扭傷，頸椎有多個骨位移位，腦部沒有血液供上，導致雙腳無力，亦是腦中風之輕微跡象，如不能及早醫治，會導致病情惡化。而且因為患有肩周炎，所以壓住了右手之神經，令右手無力，要令右手回復力度，要以被動幫助，也要叫病人自己做右手的運動。

醫法：病人雙手扶在牆上站立，初時以腰部為壓力點，後以雙臂為力點，慢慢加以進行，使手臂回復力度。

1.2　B 先生

病症：因腦部有腫瘤，要做開腦手術，導致腦部功能受損。手術後，病人產生之後遺症為行動不方便，說話緩慢，並且要以拐杖走路，上壓比正常程度高，也比平常人更高。而且要人扶著，反映病人之腦部活動比正常人為低。

醫法：醫治時，必先以腦部為下手之位置，先按摩腦部，再向下各部位著手，按大椎穴，後按背部之穴位，在手部按各個穴位推壓，之後按腿部，因走路不方便，所以要在腿部上再加按壓。

1.3　C 先生

病症：耳水不平衡，傷風感冒。

醫法：C 先生為糖尿病病人，有耳水不平衡，但因為食藥和復位，令糖尿病由 19 度降至 5 度。醫治為，充血療法，改善心房、心室的血液循環，加上頸復位，後再以六味地黃湯、淮山、茯苓、山萸肉、生地、丹皮等中藥幫助清熱，醫治感冒。

2. 脊柱

2.1　D 先生

病症：頸椎移位，頸部腫脹，甲狀腺水腫，頸部 C6、C7 凸出，頸背後有凸骨。

醫法：以大拇指加以壓力把頸 C5、C6、C7 迫入正常位置，如力度不足可以提起腳部，提高力度，幫助病者，亦能加快治療痛症。頸背附近之骨凸起，要以適當力度把它壓入去，可使呼吸暢順。拍打功的方法為拍打穴位，令穴位幫助身體運行，所以拍打功有加強肺部之功能，令呼吸暢順。

2.2　E 先生

病症：嘴巴大細邊，三叉神經不正常，會導致中風。

醫法：頸部不正常，令上壓過高，要減低這樣的問題，先要整好背後的頸紋，以充血療法在頸部推壓，再推壓脊椎。因為病人的右背明顯凸起，所以要推壓他的背部，還要以輕量拍打功幫助，促進由頭至腳到全身的血液循環。

備註：推壓頸椎背面，復正頸部不必要的移位，有收頸之療效。

2.3　F 小姐

病症：頸 C5、C6、C7 移位，大椎突，肩周炎，高低膊，盤骨移位，右股平坦。

病歷：二十八年前頸椎移位，看過骨科，做過物理治療和腰部有關的治療。

醫法：F 小姐因頸椎移位，而且有骨質疏鬆，復位時很容易把骨位移正，但之後也很容易移位。先按壓大椎穴，按入大椎突出之頸椎骨骼，後在背後的骨架復位。這樣可以幫助病人調整好肩膊，再按鬆骶骨的八個洞之位置，按鬆腳部的神經穴位，便可以復腳。因為盤骨位左短右長，所以要先拉右腳跟著拉左腳，要分佈好位置，能有效地復好骹位。之後補充鈣質和注意自己的姿勢，軟骨便會慢慢的長出來，令骨架能承托身體，這樣的骨質不會再輕易移位。

2.4　G 先生

病症：股骹移位，頸骨移位。

醫法：按壓數下頸骨的地方，再壓迫頸骨，便可以跟著在腳部復位，復一隻腳就可以。

2.5　H 先生

病症：左股骹移位，頸 C7 移位，濕疹，海鮮、藥物、牛、蛋、西藥
　　　敏感。

病歷：1992 年有甲狀腺問題。

病因：左股骹移位，頸 C7 移位導致甲狀腺有問題，神經受壓引致很
　　　多方面的敏感。頸 C7 移位，導致心跳率過高。

醫法：先按鬆股部的穴位，再推壓小腿，後拉右腳。拉腳後要板腰，
　　　再而臥。先按鬆經絡，後復左腳，把他的左腳壓迫回去。再
　　　以同一手法去做右腳，但因為他長時間左腳的筋腱被強烈拉
　　　伸，所以復好位後不比右腳未復位時鬆。但是由於病人本來
　　　不能抬起左腳，復好位後按頸部。復好頸部的位置，最主要
　　　是復好頸 C7 的位置。

備註：正常的按壓是以手臂和手肘的力去推，手指只是支撐。當按
　　　壓得多時，應該是手臂和手肘的位置感到疲倦，而並不是手
　　　指。按頭應該是以手指力就足夠，但是單以手指按壓頸和脊
　　　椎的力就不足夠了。所以要以手臂和手肘的力去推，便可以
　　　幫助按壓得更加深入，按壓大椎穴，令到頸 C7、胸 T1 的位
　　　能退回頸內，便是足以成功的一大因素。加上按壓的力度愈
　　　大，和順著經絡的位置按壓，會很容易按到穴位。

　　　再按腰時，先是測查腰 L3、L4、L5 的位置，看看軟骨有沒有
　　　凸出來的現象。如果有凸出來的話，要慢慢把它壓迫去，壓
　　　進入去後，向下按把脊椎慢慢排列，然後把整條腰椎慢慢排
　　　列得好，跟著研究鷹骨的位置有沒有移位的跡象。如果有，

便要慢慢按，按下會把凸出來的位置退回去。不用著重凸出的骨位，只是要在附近的位置慢慢按，就可以按壓到脊椎復位。

在按手時要順著經絡的位置按，不宜按死一個位置，要順序按壓，就能令病人感到有血氣運行的感覺了。按腳的位置都是主要以幾條經絡，加上大腿內處韌帶組成，只要沿著經絡順序旋轉按壓，便能按鬆腿的穴位。

2.6　I 先生

病症：持續了三、四年的腰酸，腳無力，頸問題，骨架移位。

醫法：復位之位置為頸 C5、C6、C7，要先按壓把頸骨退回原有位置，當壓退回去後，他立即感到頸部有鬆弛之感覺。而且也要在腳部復位，因為左邊移位，所以要先按鬆盤骨之骹位，後在腳的位置拉骹，復位。在左腳以 60 度一拉，便可以拉好骹位，之後，再移動骹位，令病人感到鬆弛，也能夠立刻下床。

2.7　J 先生

病症：脊柱側彎，左邊頸與肩有腫脹。

醫法：鬆弛背部左肩位置，放鬆背部後用膝蓋頂向 T 骨復位後，雙手放在病人的肩頭上，向後一拉，幫助血液循環，後加以六味地黃湯。

2.8　K 先生

病症：小時有哮喘，疑因搬運貨物時用錯力度，令盤骨受損、移位。

醫法：伏在床上，先按摩全身，由頸、肩、兩臂、股骹、大腿、小腿，再以輕量拍打股骹、前列腺之位置，後做正骨之動作。轉身幫助調整小腿，以旋轉的方式，拉動盤骨，移好位置。

坐在椅子時，按摩背部、頸 C6、C7，鬆弛背部之位置，再用肩頸正骨法，頸部向後微傾，膝蓋放在背部適當位置，雙手附在肩背部一拉，便能拉開肩部和正骨，令肺部恢復適當的功能，使呼吸變得暢順。

2.9　L 女童

病症：脊椎側彎。

醫法：先按摩頸部，令頸部能鬆，再把頸部被移位之位置壓迫回正常的位置，有助輕易把骨移回正常位置。之後女童躺在氈上，先以右手扶在女童之雙腳屈曲位置，左手壓在脊椎移位之位置，左手向下壓時，右手輕輕向上推，便可以做到復位之效果。

備註：此女童之病症為過度瘦削，而且沒有足夠營養，導致軟骨組織不能支持骨架之負荷，令骨架的一邊因負荷過多，使脊椎偏向一邊。因此，要有足夠之營養，才使軟骨組織承托到骨架。

2.10　M 先生

病症：右胸椎 T7、T8 位置向右邊移位，肺部不夠力。支氣管壓住。

醫法：要加強肺部之附吸力，令支氣管加強恢復正常之闊度，要以
　　　拍打功、充血療法和直壓法壓入天井穴之位置。先按摩頸部
　　　鬆弛神經，再按天井穴，後躺在床上推壓後，以拍打功拍打，
　　　加上拍打時拍打穴位，可以加強經絡的運作。拍打功會因時
　　　間而令拍打時之力度震動得更加利害。拍打時，力度要以大
　　　小魚際（手板兩團肉）控制，而拍打之掌心要對準穴位，拍
　　　打後再以衝穴法壓入，可加強心臟之跳動，令心臟跳回正常
　　　的度數。

2.11　N 先生

病症：頸骨移位，下壓偏高。

醫法：盤骨移位和小腿經絡之不通，導致腿部不能放低，所以要先
　　　推通小腿的經絡，這樣可減輕小腿的水腫，令小腿更有應有
　　　的樣子，使到整個人感覺比較輕鬆。而且因小腿經絡不通，
　　　令血液不能運到腳板，由於他的腳板的皮比一般人厚，導致
　　　有腳爛和無血到之現象，如果推通足陽明胃經的經絡，便能
　　　令腳部的血氣運行得好，也可以幫助胃部的康復能力，因小
　　　時被人打傷了胃，需要一定的時間才可康復過來的。

2.12 O 先生

病症：頸椎病。

醫法：由於這病人已經過了長時間的醫治，所以之前的肩周炎已康復。但因長期姿勢不正確，導致頸椎移位，而且大椎穴凸起，起手時要先在大椎穴下手，以手力按壓與此同時要以另一隻手鬆弛頭部，這樣不但可以在同一時間以雙手幫助病人，也可以運用十指醫治病人，先要在頸1開始按壓，再從中在頸椎中探測頸椎的移位和角度。在頸部一直按壓到胸椎，和排好骨架的位置，這樣便可以調整骨移位的位置。當把骨排好，病人要躺在氈上，以充血療法加強血液循環，因為這種推壓方法比較須要用力，推壓時要先加適當的藥膏或者按摩油來滋潤，以推拿的充血療法來推壓。後在肩井穴以桶的原理，以旋轉手法按壓。因頸椎移位，腳部也一定會移位，所以要把腳部復位，先按壓腳部的穴位，放鬆肌肉後才可復位，復位時要以 60 度為標準調整大盤骨的正常角度，再按壓頭部和頸部，便能幫助病人。

備註：O 先生之個案，病理要清晰。骨牌效應式（頸椎─胸椎─尾椎─中樞神經受壓，互為牽引，形成骨牌效應，一顆骨頭的移位，會導致另一顆骨頭移位，最後把整個骨架弄歪。）：

第一次的治療比較輕手，為矯正不對稱的骨骼（胸椎矯正下腹和腳）。第二次比較重手，集中重修骨架（尾底椎締造新的弧度，這樣便能幫助自己行走，不用手杖自己慢慢走著）。

2.13 P 先生

病症：頸椎、肩膊、手、腳移位。

醫法：先放鬆頭部之神經，再在大椎穴移位按壓，把骨迫回到正常的位置，後以充血療法在脊椎施法，因為 P 先生之頸骨凸起，所以按頸部時，以旋轉方式在頸椎轉壓，因左邊的頸椎移位，所以要以旋轉按壓，找出頸骨凸出之位置，而按壓便容易把骨自動的退回去。由於脊椎移位，呈 S 形，所以推壓時要先從脊椎，推壓凸起之位置，移正凸起和移了位的骨位。因為感覺到骨架和肌肉為厚實，所以推時，要順著脊椎移位的位置以旋轉推壓，這樣便可以把移了位的骨架，慢慢退回到骨位之正常位置。當推壓多幾下，足夠就宜收手，推多了會加重受傷機會，推拿後要按壓腳部，按壓神經帶動之穴位，幫助血液之循環。

之後躺在床上，先鬆弛頭部之穴位，因為要先放鬆頭部才可以做頸，不先放鬆頸部、頭部是不能夠復頸，還會令頸部受傷。在按摩頭部時，要在有穴位的地方按，而且要在有效的穴位按壓。在承泣穴按壓，這個穴位有明目之功效，對穴位的方法為眼中央向下面額之凹陷位，按壓承泣穴後，便能令眼睛變得清晰。再按眉心的穴位，改善視力。

備註：用手搓頭，再而放鬆頸部的穴位，因為頭鬆，頸便開始鬆；頸鬆，頭卻未必鬆，按到適當的時候便要復位，因為時到就要動手，在適當時候便要著手，時過效果便會不好，再按時要對準穴位一鬆一復，有助治愈病情。在充血療法之後，要

溫和的按壓令血液運行得順暢，以大拇指輕柔旋轉按壓，慢慢調和血氣，之後以兩劑中藥調和身體的機能，這樣醫療效用更為顯著。

頭、眼帶動之神經，為三叉神經，先按鬆頭部之肌肉和神經，再按壓肺俞、大椎、肩外俞、天泉之穴位放鬆肌肉，跟著以適當的角度在頸骨復位。因為只有移了位才會有感覺，如果沒有移位，以適當的角度和手法是不會痛的。以充血療法推背，腰椎有瘀血之現象，而這些地方都是血液運行不通之位置。後在頸部加以拉壓，由於頸部移位，所以要轉向右轉，一托一復，便可以復正頸椎。在尾底椎推壓，然後拉腳，令腿部在股骹復位。

2.14　Q 女士

病症：脊椎側彎。

醫法：因為是女士的關係，不能胡亂以充血療法去醫治病人，要先得到病人之批准才可以以充血療法。但由於此病人不接納，要以其他方法去醫治病人之脊椎，醫治之方法是先按鬆頭部，之後在頸部復位，再在胸椎復位。因為這個做法比較有難度，所以要掌握得好，如果未能掌握，可以減輕力度，達到可練習也可幫助病人。

備註：此病人為脊椎側彎，引起病人很多毛病。而且這個病的主因，就是長時間的側彎但沒有好好的調理，令病人有很多後遺症，

如肺活量不足，容易呼吸不暢順，又或者是腰椎因承托不平均，造成容易疲倦。所以，脊椎所發的病症有很多，而且都是很難才會補救得到的。因此，很多毛病如從小不去管理，日後長大的時候才補救便會比較難，亦不會容易解決。

2.15　R 先生

病症：心跳率低，頸骨移位。

醫法：先按鬆病人的頭部，再在頸部進行復位。而這個動作是有技巧的，因為頸部為管治中樞神經和人體整個機能的主要部位，當然亦要配合其他部位，當鬆弛頸椎的位置後以充血療法能容易把脊椎排位，也因為這樣以充血療法去推壓病人，便能加強病人的血液循環。這病人為脊椎移位，導致肺部受壓，加上吸煙過多，令他的肺部因吸納過多焦油而導致肺部變得遲鈍，引致病人呼吸不暢順。因此要以充血療法在病人的脊椎推壓，後在頸骨復位。

備註：病人的心跳率很低，而且由於長期在內地工作，依賴西醫的輔助，導致他的心跳率在 50-55 之間，但心跳率低過 50 便會有生命危險。醫治前先按鬆肌肉，按鬆後才可以施以拍打功，拍打功是在四個近肺部位置順序拍打。這樣可刺激肺部能夠帶動血液走勻全身，加快 R 先生全身的帶氧，而且令他忍受到痛楚，使自己康復得更好。拍打後，再幫他復腳，便可以幫助病人康復。

2.16 S 小姐

病症：盤骨移位，脊柱側彎。

醫法：因盤骨移位，但由於兩邊一起復位會有拉傷之危機，所以上次只調整一邊的盤骨。因上次只調整一邊腳部，減低了對另一邊腳部所承受的壓力及依賴，所以今次當另一邊的腳部可以鬆弛時，便能替它復位，這樣能令病人慢慢康復。由於脊柱側彎，導致發育得不好，所以要復位。復位後便令其發育比較好，復位為頸椎和腳部，先拉頸部，後拉腳，能調整骨架。再以食物補充機能，因為身型瘦削，一看就知道營養不足導致骨質疏鬆，令脊柱無力而彎起，要以足夠營養去補充自己身體所需要，加上定期的復位，脊柱便不會輕易移位了。

備註：此病人因為治病的時間比較被動，工作的時間日夜顛倒，加上病人不懂得怎樣照顧自己的身體，導致須要較長的康復時間。她亦不懂得自己去煲湯煲藥，令康復的時間再延長，而且每當感覺好一點的時候，又延遲日期去看病，此病人的情況是很難好轉過來的。

3. 盤骨

3.1　T 小姐

病症：盤骨移位（股骹移位）。

醫法：輕按盤骨附近的肌肉，幫助舒緩痛楚，拉動右腳以拉回與水平線成 60 度角。改善長短腳並恢復雙腳應有的位置，推按腳下半部的盤骨之穴位幾下，再在湧泉穴輕按幾下。毛巾在腰，用手拉著腳掌，與水平線成 60 度角，然後把左右腳分別向上拉，把腳屈曲，用旋轉的方法把腿部轉回入股骹中，有助移回正確的位置。

備註：骨骼早期移位，有慢性疾病，所以產生很多不同症狀，都由同一位置所導致，須要慢慢恢復，加上早期的問題，要服用維他命 B1、B2、B6、B12，加上骨骼補充劑可保養骨質和恢復骨質的運作。

3.2　U 先生

病症：股骹移位。

醫法：先按股骹的穴位令肌肉鬆弛，股骹的肌肉開始放鬆後，便可進行正骨方法。因左邊盤骨移位，所以先以 60 度角拉好右邊盤骨移位，再以左側身拉前股骹，拉後膊頭。

3.3　V 先生

病症：因蹺腳導致盤骨移位，抬起重物時感到痛楚。因為本身身體虛弱，身體機能減慢，導致神經線未能夠有效傳遞痛楚的感覺。

醫法：醫治 V 先生主要為矯正骨架，令盤骨恢復在正常的位置，因為他的骨骼較脆弱，要恢復盤骨之位置，要適當的鬆弛神經和肌肉為主。先按摩小腿肌肉，因如小腿之血液和血氣不足，不能運行全身，雙腳會變得軟弱無力。因此，先按摩小腿，鬆弛腳部神經，再按其他部位。不能太大力去按小腿之穴位，要以適當力度進行治病，由於 V 先生的身體比較弱，所以不能以正常之力度按壓。放鬆小腿後，先進行試驗，讓他行走兩至三分鐘，看看舒緩的程度後，再進行其他療效。

行走兩至三分鐘後，讓他躺下，按小腿之肌肉，讓小腿和大腿有力把全身承托，推按後加以盤骨正常角度幫助，而恢復移位，讓股骹回復至正常之位置。復位完成後不宜再推按，否則會令骹位移動。跟著推按背部之位置，加以輕量拍打功，調整 V 先生的身體之外，亦有保健作用。

3.4　W 先生

病症：神經受壓。左腳長右腳短，左盤骨往下移，左腳為重心。盤骨在正常的情況下應該是不會壓住大動脈的，如果大動脈壓迫到神經受壓，導致血管閉塞，血壓上升，血液回流不好，令中樞神經未能控制內臟。由於中樞神經受壓，影響肝、膽、腦的血管閉塞，令食慾不振。因右盤骨向下移，所以令右邊肩膊向下移，而且坐下時，右邊膝蓋高而左邊膝蓋低。

醫法：因盤骨移位，令頸部的神經也因而受壓。如要幫助此病人，必先在頸椎以充血療法幫病人在頸椎（C5、C6、C7）、胸椎推壓幾下，再在脊椎推壓幾下。之後幫助此病人復位，先拉動右邊腳部，跟著推左邊腳部，這樣便能把盤骨的移位調回正常位置。因中樞神經受壓，所以令胃口不好，而且影響心、肝、肺。如中樞神經不被壓到，才可以改善胃口和其他病情。

3.5　X 小姐

病症：髖關節移位令上半身移位（如右髖骨移位，左肩也因此移位）。肌肉或神經受壓，導致左右半身麻痺，長期受壓會導致相關症狀的出現，如神經受壓，會影響病人的情緒、聲帶大小和自信心。左盤骨向下移，導致長短腳。而盤骨後三條神經受壓，影響中樞神經帶動整個神經線不能正常運作。此外，盤骨移位導致肩膊移位，而近盤骨對上的骨比頸部的骨位為大，所以盤骨移位會影響上半身骨骼移位，照 X 光也是無法判症的。左邊盤骨移位，令腸部受壓，如不及早醫治，在見西醫後便有可能因腸部萎縮，要開刀做手術切去萎縮的部分。

醫法：骶骨有八個洞，右邊有兩個洞凹入，左邊有兩個洞凸出，所以要輕輕按下盤骨的位置，便可以令對上的位置有鬆弛的感覺。而對長短腳的人來說，首先把移位的一方的腿部調整復位，然後再將另一邊腿部復位（因為交叉神經是會影響另一邊，所以要同時按壓鬆弛另外一邊肌肉）。拉了移位的位置後再拉另一隻腳，這樣可以把盤骨復位。

備註：醫病時要斷症，只要判斷正確，便能夠輕易為病人治病。但在判斷症狀時，要先以基本概念去看病人，如果髖關節受壓，會令中樞神經受壓，很多神經線也因此不能正常運作，影響其他身體機能。例如在這個案例，這病人的下半身的部位有機會不能得到血液循環和協調而令肌肉無力，下半身亦因而癱瘓。右骹移位會令左肩移位，這是交叉神經的道理，相反亦然。量度髖關節的移位，就是以手掌代替兩邊的髖關節，便能容易理解髖關節移位的大小。如再不清楚，把兩隻手掌拍在一起，便可清楚知道怎樣的移位和情況，亦容易理解，也能解釋給病人知道。

髖關節的輕微移位，不易察覺，但是有一個很重要的問題，若果不及早醫治便有可能引致慢性病。慢性病是一種無聲殺手，因為壓著神經，平時是沒有感覺的，最危險的是突然死亡也是沒有痛苦。髖關節壓著神經，長久之後，腸部萎縮，在西醫的角度下，須要切掉。在中醫角度，由於神經受壓，令腸部萎縮，如不把已被壓住的神經的位置復位，這樣便不會有食慾。

髖關節是帶動中樞神經的一個重要位置，髖關節移位，中樞神經亦一定會移位的，以天秤作例子，要是一邊得到更重的重量，另一邊也就比較輕鬆，導致不平衡的比例，當人體變得失衡時，疾病因此再而起。因為這樣，如果中樞神經受壓（中樞神經為重要之神經），人會產生不同病症，所以便要尋找不同的醫生以求助和給予意見。

3.6　Y 女士

病症：股骹及盤骨移位，腳移位。

醫法：因為股骹移位，導致血管長時間閉塞，而且盤骨也在跳舞時不經意地整歪或移位，連自己都沒有察覺。首先令股骹復位，便能令心臟的血管暢通。再以輕量按壓，能按通神經，打通血管，拉腳令到股骹復位。

3.7　Z 先生

病症：盤骨移位。

醫法：股骹復位能夠減輕病人難以承受的痛苦。提醒病人改善飲食的習慣以及調節生活習慣作為治本。

備註：病人因盤骨移位，導致右腳經常像給刀割的感覺，而且所受之痛苦是要每天游一次水才能平復下來的，因為工作繁忙，經常要坐飛機到各處辦事，飛機上的壓力，加上休息不足，令他感到非常疲倦，他的痛楚亦因此日積月累所造成。加上

是大公司人物，須要經常應酬，很多時候喝烈酒而不是普通啤酒，飲酒過量會傷肝、脾、腎。在每次飲宴中，食物通常是比較肥膩和濃烈，以及加入了味精。所以當不良的生活和飲食成為習慣，累積起來，便形成了他自己都不會察覺之疾病。

3.8　AA 女士

病症：頸部 C5、C6、C7 凸出，背脊有雞蛋一樣大之瘤，原因為頸骨移位，導致神經受壓，阻礙血液輸送和神經傳遞訊息到腦部，所以要以直壓法把頸 5、6、7 之凸位壓回正常位置。

醫法：心肌不夠力，令心瓣膜無力，要以充血療法和拍打功加以適當力度和時間，幫助病者。在充血療法推完以後，便要在肩井穴兩邊把血液運回全身，不能只把血液帶到腦部而不去舒緩腦部之血液，免得有導致腦中風之危機。

4. 四肢

4.1　AB 先生

病症：手部肌肉僵硬。

醫法：先按鬆手腕之肌肉和拉鬆肩膊，可以令手臂向上伸展，然後拉動手臂，用肩膊作為軸心帶動手臂旋轉，再以幾下拍打功拍打兩邊肺部，按壓大椎穴，令手部的肌肉慢慢恢復運作。

備註：AB 先生主要是在做手術後，手臂加了兩塊鐵片，令血液循環欠佳導致肌肉僵硬。

4.2　AC 老先生

病症：肩周炎。

醫法：把有移位的骨部骹位復正後，便處理肩周炎之患處，更正方法為手附在肩旁，以保護也不會導致肩部有不合乎正常的移位，再以另一手轉動病人之肩膊，角度為 125 度。要幫助此類病人，不能有心軟的心態，因為此類症狀為炎症，轉動肩膊時必然令病人感到痛楚而呼叫出來。醫治時應該以適當和合乎醫學角度之正常位置移動。指導病人以輕鬆的形式鬆弛肩部肌肉，由於肩部經絡長期受壓，所以要以病者本身之力度和姿勢，令自己的肌肉回復適當之用途，改善血液循環令經絡暢通。

備註：肩周炎為嚴重之疾病，所以要以幫助病人之心態進行療程，而不能以憐憫病人之心態進行正骨，讓 AC 老先生坐在椅子上，進行一般能令病者放鬆的手法後，便可以躺平在床上進行另外的療法。因為躺平在床上後，病者比坐在椅子上更為放鬆，令病者有更快之療效，也要有病者本身之協助，令病情進展之餘，亦可減少自身之苦楚。

躺平在床上，先把毛巾放在頸背之位置，令頸部能以正常之弧度進行治療。先從手臂開始，附在肩背後之骨位，以手臂正常之角度 125 度旋轉轉動手臂，做法為以手附在病人肩骨之位置，另一隻手協助病者以可以幫助而不令他受損之力與角度慢慢拉動，但記著不能過量，因為過量會傷及他的肩部，亦令醫者之心理受到一定的障礙。當病人的手臂可以轉動後，請病人自己做手臂的運動，動作為雙手舉起至手臂貼在頭部方為正常。當然也要視乎病人之情況而定。

因為病人需要有休息之時間作恢復之效用，所以病人做運動時，亦要停止幫他進行其他療程。等待五至十分鐘，病人得到適當時間休息後，再按摩頸部之骨位，令血液回流至身體各個部位。當放鬆頸部之位置後，請病人做之前幫助手臂之動作，令手臂有更進一步的改善。手臂康復到一定程度後，叫病人放鬆上半身，跟著做下半身之位置。由於病人曾經「拗柴」，所以要恢復股骹之關節，方法為先放鬆腳部肌肉，令腳部有一定的鬆弛後，再以盤骨正骨法調整盤骨，便完成這個病人的整個療程。另外，病人需要做運動，因為如不加以恢復經絡和血管之正常運作，會導致癱瘓之可能。

5. 器官

5.1　AD 小姐

病徵：三分之一肝臟被切掉，視覺模糊。

病歷：因某次事故被車輾到後，須在醫院做手術，在受傷的腳部安裝了兩塊鐵片，而且割了肝的三分之一。視覺受飛蚊症影響，須要靠另一隻眼觀看來補救失去的視力。

醫法：按壓視覺神經，令其中一隻眼的視覺變得清楚。在骶骨的八個洞、環跳之穴位，以深度的手指力按壓，治病的療效最為好。先以手指壓入環跳穴，一隻手按大腿的位置，要繼續在骶骨的八個洞和環跳穴加以推壓，能加強血液的運帶，令肌肉放鬆。當復位時，以大腿之角度來計 60 度幫病人復位。但如果能捉摸到盤骨和大腿之角度時，也不一定是 60 度的，在復位前亦要在小腿的地方加以按壓。在崑崙和太谿這兩個穴位下手，再在承山、委中這兩個穴位根據神經帶動的穴位按壓，便可放鬆神經和肌肉。

備註：經過多次治療後，開始不須用拐杖行走。之前做完手術後是不能這樣行走的，要靠拐杖行動，所以要在適當的判斷中，正確分析病人的情況，再在有邏輯的治病技巧和方法下，便能幫助病人得以治療，而在長時間的適當治療下，可加速對此類病人的療程。因為這個病人的體重較重，治療此類病人時，必須適當地運用陰力。因這病人做過手術，所以治病前，先替病人貼上藥用膠布，幫病人推拿正骨時，也可以令藥力滲入體內，令病人得到兩種療效。

5.2 AE 先生

病症：睡眠窒息症。

醫法：輕按背後，再幫左肩復位，後在頸背後用衝穴法推動頸背至胸椎的位置，令病者的呼吸暢順和使肺部恢復運作，之後，以適當力度的拍打功拍三至四下，可以加快血液循環。

5.3 AF 先生

病症：肺部不夠彈性，因為肺量長期不足，呼吸不暢順。

醫法：以充血療法加強血液循環，再推肺部的位置，後加以拍打功拍打背後、脊椎、肺尖、骶骨的八個洞和環跳，加強血液循環，以桶原理，幫助充血和血液回流，及後加以在頸椎的頸骨復位，這樣便能令身體協調。

5.4 AG 先生

病症：肺氣量不足。

醫法：先按壓頭部和頸部，放鬆神經有待其後的動作得以鬆弛復位，然後用充血療法在病人背後向下推，令肺部循環得以改善。幫助病人復好骨後，因為長時間的受壓和休息不足，身體機能仍然十分衰弱。視乎病人的關係，要以中西藥或者補充劑來補充，而這病只須以六味地黃湯和小柴胡湯當作補充。

5.5　AH 先生

病症：脊椎移位。

醫法：因為 AH 先生吸煙太多，而且脊椎移位令肺部受壓，使肺氣
　　　量更加低。因他的肺氣量不足，以充血療法推壓幾下便足夠。
　　　跟著以拍打功拍打肺部少許，再在頸部的位置復位就可以。

備註：後以化痰止咳和筋骨茶幫助病人自己調理身體，健康與否還
　　　要視乎病人自己戒煙的意欲。

5.6　AI 女士

病症：哮喘。

醫法：AI 女士自小有哮喘，原因為神經受壓，而且肺氣量不足而導
　　　致的。因此，復好骨位加以適當的食療，便可以幫助此類病
　　　人。因為治療已有一段日子，身體根本沒有什麼大問題。但
　　　是要有均衡飲食，營養亦要足夠，不宜多，也不宜少。有些
　　　食物吃得多（例如肉類），則令吸收不好，所以要以適當的
　　　食物來保養自己，不能胡亂食。再以鮑魚湯作為補充營養和
　　　吸收之功效。

5.7 AJ 先生

病症：冠心病。

醫法：先按摩頭部令神經鬆弛，之後按摩頸部的位置，推頸 C2、C3 之骨壓迫入正常位置。拍打胸椎 T8 下以外位置，可令肺部加強血液運行和呼吸暢順。躺在地上，先按摩骶骨的八個洞，再以拍打功拍打前列腺之位置，從而拍打胸椎 T8 下位，加強呼吸的力度，讓病人放鬆後，以充血療法在脊椎、兩側之膀胱經位置，加強肺部之力。推後，按肩井穴令血液回流運行全身，再以拍打功拍打肩背幾下為完成之動作。

5.8 AK 先生

病症：糖尿病。

醫法：初時是先按摩頸部和肩膊，因為這兩個位置有鬆弛和影響身體各部之效果。按摩頸部前要先放鬆頭部，按著頭部放鬆，不用放手或彈，只要按著後旋轉的放鬆頭部神經便可以。按摩頸部的位置時，最要注意的是一邊推按也要注意頸骨有否凸出或是左右移位。若有這樣的出現，就要幫它復正。後再按手部整體之肌肉，當按摩手部的穴位和幫此病人的骹位復正後，發現此病人的骨質很差，而且按手腕的穴位時，能感覺到此病人的骨與骨在磨擦。

病人躺在地上，先按骶骨的八個洞，上有兩穴位，按幾下，接著以拍打療法由屁股拍上去肺部再拍上頸部，拍打後以充血療法把骨位和背部的三位置推通，這能幫助血液循環，後按肩井穴把血液推回身體各部，因為充血療法會把血液加速運到腦部。假如推按肩井穴的時間不夠長，或是指壓力度不足，也會令血壓上升，亦不能達到醫療之效果。指壓的運用需要長年的苦練才可以達到一定的深度，按穴的位置因應指壓的大小而有影響。

備註：此病人初時心跳有 95，但經推按後，此病人心跳不但沒有降低，而且增加，有可能是因為情緒的影響和推壓不足導致，而心跳和上下壓的不定，是有感冒之徵狀出現，所以要去除感冒之病症，感冒清熱，血府逐瘀，降壓湯是要的。

5.9　AL 先生

病症：糖尿病。

醫法：替病人醫病時，先是以頭部為主放鬆腦部的神經和穴位，後躺在床上，推壓胸椎和腰椎，這能加強肺部的力氣。也要推壓肺部兩旁對應的脊骨，加強肺部運作，再輕量拍打肺附近的位置，後在肩井穴加以推壓。然後在頸後按壓，以幫助頸椎復位。糖尿病最後由 19 度降至 9 度。

備註：長期血壓高會令血管脆弱，容易爆裂。骨樑協調，則肌肉協調，如骨骼不正確，肌肉會受壓。頸部的轉動不能太大，要在一個很小的角度下幫病人復好。屁股後有二十一條神經，左四條右四條，骶骨的八個洞有十三條神經，腦部的血管比頭髮還要幼小。盤骨兩邊有 50 度角，所以如果股骹移位，令腳部不能夠支撐身體的重量，導致上半身骨架移位。像比薩斜塔的道理一樣，如果下盤的承托不平均，會令上半部的骨樑移位。因為脊椎的下半部移動，才會導致上半身的骨樑移位，所以肩骨樑移位，也就大多數是髖關節移位所致。

導致骨枯之原因是骨樑移位，令到骨與骨的軟骨受壓，神經同時受壓，因軟骨和神經長時間受壓，令受壓的肌肉無力，使腳部無力導致要用拐杖走路。骨與骨中的軟骨又因骨樑移位，導致移位的骨骼長時間壓在軟骨上，亦由於營養和鈣不足而令軟骨無力，因而使骨與骨有磨擦，令到患者感到痛楚。

5.10 AM 先生

病症：冠心病。

醫法：此病人食煙太多，令五臟機能減弱，要盡量戒煙。先按大椎穴，而且要以雙手推按，可以減低血壓，加強心臟功能，改善糖尿及中風。也要在腎俞穴、承山、委中大力按壓，因為要以通血管和經絡為主，由於病人的肌肉比較結實，按壓時要比較大力，加上患有冠心病，所以要在血海和腎俞穴加以推壓，把他的肌肉和筋腱彈鬆，彈鬆後病人會感到輕鬆。在醫者的心目中，病人得到舒緩，就是醫者所渴望的。拉鬆背部、腳部之肌肉後，要轉身後頸，再在小腿加以推壓，鬆弛肌肉，令血液運行順暢，之後調整頸部移位的位置，這樣可以幫助病人的血液循環而不會傷及自身。

備註：推拿不應只靠單一醫學的角度來看。從不同的角度，例如：哲學、物理學、理論學、西醫學、頸椎學、推拿學，集百家之所長，學為己用，再加上自己的長處，便能夠頓悟適合自己的一套推拿手法。

5.11 AN 女士

病症：冠心病。

醫法：因為冠心病，有兩條血管閉塞。先按鬆頭部，後按大椎穴和其他穴位，這樣可以令她的血液運行得比較好。跟著按壓腳部，令血液運回身體，之後按壓手部，再放鬆頭部和按壓面額，能夠改善全身的血液循環。治療後血管暢通，心情變得輕鬆，笑容亦多了。

5.12 AO 小姐

病症：昨天沒有吃晚飯，沒有足夠營養給予胃部消磨胃酸，導致食慾不振和胃氣儲存在胃裡，不能排出胃氣。小腿無力，出現腳缺血之現象。

醫法：先按背部兩邊之肌肉，令血液加快運行，使血液能運上腦部，以及可令少量胃氣迫出體外。再按小腿兩外側的穴位使血氣運行，令胃氣容易迫出體外。然後以充血療法推壓，促進血液循環。以手按壓大腿兩側，不用鬆手，以按壓方式不斷旋轉按壓，幫助血液循環後按背部的穴位，加快血液循環，迫出患者胃氣。最後以食物調理身體，便能幫助患者。

5.13 AP 小孩

病症：這兒童為兩三歲，常常有夜尿。

醫法：先鬆弛股部之穴位，令股部之骨位迫回正常位置。後以充血療法，因為是小女孩，不能大力，只能以很輕微的力度，再以兒童正骨法幫助她的脊椎排位，讓她可以正常發育，也能夠減少夜尿，後以輕量拍打天宗穴之位置。

5.14　AQ 先生

病症：心跳過快。

醫法：先坐在椅上，按摩背部之穴位，鬆弛背部肌肉，此舉對後期
　　　之治療有幫助，再按摩頸部的位置，在觸摸頸骨的位置時，
　　　留意頸骨位置有沒有移位之現象。如有移位，要幫其骨位復
　　　正，當復正骨位後，便按摩手部，先按合谷、手三里、曲池
　　　等位置，再以垂直 360 度轉動手臂整體，之後輕輕拉動手臂
　　　令其復位。注意的是在轉動和拉動手臂時也要以手保護手腕，
　　　才可減少手腕拉斷之危機。

5.15　AR 先生

病症：心力不足。

醫法：營養不足，而且因食量小，導致心力不足。因此要吃多平時
　　　幾倍，使到營養充足，當營養充足時，身體機能得到充分的
　　　營養，人體機能便得以正常運作。

備註：幫助病人時，如要把病情轉好，不能只靠醫者的工作，因為
　　　醫者只是一個輔助的角色，病人才是這個病情的主體。若果
　　　病人不按照醫者的吩咐去做，就算醫者的功力卓越，也難以
　　　令病人得到應有的療效。

以此病人為例子，因其懶惰而不顧及自己的健康，只靠醫者
的能力，所以當醫者不給予額外的幫助時，此病人便打回原
狀。就算醫者的醫術多高明，亦要有病人的合作，才可幫助
病情的進展，病人要對自己的健康負責任而不應過度依賴醫
者，也要實行醫者所提點的事，這樣定能事半功倍。

5.16　AS 先生

病症：氣虛血弱。

醫法：以平衡術醫治，在頸椎右邊按壓，因頸骨未能復位，要輕按
　　　頸部之神經令肌肉和筋腱鬆解，才進行復位之動作。因為右
　　　邊長時間受壓，令肩膊移位，所以要先放鬆頭頸之肌肉，一
　　　旦放鬆便要復頸，復頭時也要小心地去復，因為頸部是一大
　　　重要部位，如果不懂得怎樣復位，就會傷到病人。因此一定
　　　要掌握頸椎、神經大動脈、靜脈和血管的分佈才可以復位。

　　　因病人為長時間性壓住神經，所以當復位後，要多加按壓，
　　　令病人身體機能加快運作，縮短病人康復的時間。後叫病人
　　　躺下，加以適量指力按壓入骶骨的八個洞、環跳等位置，鬆
　　　弛骨位，便可以進行復腳之動作，復腳為 60 度，復好位後，
　　　再要在病人側身時拉膊推股，令骨位得到更加準確的位置。
　　　之後輕輕拍打病人，促進血液循環，改善氣虛血弱的毛病。

5.17　AT 先生

病症：肝不好，背後生了帶鮮血色的痣，長短腳。

醫法：因 AT 先生的脊椎移位和肝臟不好，所以背後生了痣。先按頸椎穴後復位，後以充血療法，從脊椎凸起的位置退回正常位置。因為脊椎的對應位置是近於肝臟，把凸起的位置復位，刺激對應的神經來改善肝臟的功用，以及減低血紅色痣的生長。最後把盤骨復位便可平衡長短腳。

5.18　AU 先生

病症：胃部消化不好，有胃氣。

醫法：通背脊兩穴的血管，令血管鬆弛帶動兩條脈膊，使其可以支撐頭部的重量，不用以頸部支撐。因 AU 先生的骨架長期移位，導致出現很多病症（包括大小眼、嘴歪、嘴有瘀黑、盤骨移位、頸椎受壓）。這些都是炎症，而且嘴歪是中風的先兆，所以要慢慢調整身體所有之機能。因為身體老化，每次都要以長時間慢慢擺動病人的經絡，從而起手幫病人開始復位。先放鬆頭部，頭鬆頸自然鬆。按壓大椎穴，後在頸部復位。因為復位後要再鬆弛神經，令神經和血管得以慢慢調整，身體便能慢慢復轉。復了頸後，右眼明顯增大，嘴唇也漸漸回復紅潤，最後嘴巴會因此慢慢移正。

5.19 AV 先生

病症：肺氣弱，腎氣弱令頭髮脫落，髮線向後。

醫法：先以藥膏塗在背上，用充血療法便有事半功倍的效果。因為
這些藥膏都是有活血去瘀的功效，加上當以充血療法推壓時，
若果病人的脊骨本身有移位，經過充血療法推壓後便會在脊
骨移位的地方出現瘀血，因之前所塗的藥膏令散瘀功效加快，
散瘀之後產生空間，可以令脊骨復位。因應病人骨質的不同，
推壓的方法也有不同。例如因為有些病人的骨質較凸，但一
些病人的骨質較為結實，力度的深淺和速度的快慢也有所不
同。而且當幫助病人推壓時，如病人的脊椎很容易幾下便復
位，表示這些病人的骨比較弱。如果一些病人的脊椎骨很凸，
而且推壓時比較難復位，則是病人本身長期沒有足夠營養，
去建立堅實的骨質。再有一些病人因為皮下脂肪厚，在使用
充血療法推壓病人時不能直接推出瘀血，推到的只是病人的
脂肪或身體不能吸收之水分。經推拿後，身體因血氣暢通，
心跳、上、下壓會提高。但當心境平復時，心跳會降低，所
以推拿能調節心跳和上、下壓。

備註：對一些肥胖的人推拿時，須要用大拇指按壓法，力度集中在
一點，而且在適當的時候要用五指一起去按壓。

5.20　AW 先生

病症：氣血弱，心力不足。

醫法：以充血療法推動脊椎時，最重要是以適當的力度和隨著脊椎
　　　之弧度去幫助病人推壓，使病人的血液循環得更好。

備註：病人的身體似是強壯，實則為不能充分吸收營養，不能吸收
　　　之營養排到表皮下，令身體像有浮腫而不結實的感覺。再加
　　　以肺氣弱，心便會隨著肺所提供之養氣而形成心力不足，身
　　　體各個機能都未能運作得好。

6. 皮膚

6.1 AX 女孩

病症：濕疹。

醫法：按摩骶骨的八個洞之位置，再以充血療法推壓，因為此病症
為背部之骨位凸出，所以以兒童正骨法多壓幾下，能減低濕
疹之現象。因多數病症都是位於脊骨神經及頸脊之影響而引
起，只要在相關之位置對症下藥，便能減少有病症出現之危
機。

第五章：

個案分享（Ⅱ）

1. 拍打功拍走 SARS 後遺症

文章摘自《香港商報》

M.K. Ho, 18 June 2004, Hong Kong Commercial Daily News《香港商報》

商報記者 余江強

中藥食療強身奏效 病者重拾生命樂趣

SARS 是不為人熟悉的世紀疫症，全球醫學家都在不斷研究，希望測試出有效藥苗來防治，而患過 SARS 的病人，無不元氣大傷，仍然受着不同的後遺症折磨，如何有效去減輕 SARS 病人後遺症的痛苦，值得大家探討。一位有 SARS 後遺症的家庭主婦經過推拿拍打治療，輔以食療湯水，原來揮之不去的後遺症明顯消退，可見中國醫藥學的博大精深。

推拿拍打功促新陳代謝

去年不幸染上 SARS 的家庭主婦梁女士，飽受 SARS 後遺症的折磨逾年，今年初她接受了推拿正骨治療及服用一些食療湯水、中成藥，有非常理想的效果，身體狀況判若兩人。她歸功於推拿醫師採用了正骨拍打，輔以食療，亦樂於介紹出來，和其他患者分享。

腳麻氣喘 苦不堪言

梁女士的丈夫去年遭疫魔奪去生命,自己則經過 22 天要咬緊牙關捱過的痛苦治療,才出院回家,滿以為自己可以慢慢康復過來。可是,事與願違,SARS 後遺症不斷困擾着她,例如:心跳的速度不正常,左邊的肺部經常疼痛,呼吸感到困難,全身肌肉疼痛及乏力,左邊的手腳更經常抽筋及麻痺。在這樣的情況下,甚至連走路快一些也不能做到,要不停喘氣。梁到醫院覆診時求問於醫生,亦得不到任何解決方法。

梁女士無奈每天去做一些簡單的運動來強身。她練習太極,可是功效不大。後來她從姐姐的口中知道有一名姓何的醫師之推拿醫術非常精湛,於是馬上要求姐姐帶自己去找這位醫師。

頸椎正骨 暖流上衝

梁女士回憶 3 月初第一次見何醫師,自己還沒有開始說話,對方已經知道自己的頸椎有嚴重移位(梁的頸骨和坐骨經常疼痛),引致其他身體的部分出現極大的問題,例如高低肩、胸骨和坐骨移位及其他神經線被擠壓着,因而引致血液循環不好,手腳容易抽筋及麻痺等症狀,影響五臟的運作更不用說了。

何醫師在第一次替梁治療,只是短短數分鐘,用一對手如玩魔術地在她的頸椎骨推拿幾下,接着再用他獨有的「大子彈」(兩個膠圓筒)放在梁的背上一壓,梁當時頓覺整個人呼吸暢順,坐骨神經不痛,甚至有度暖流在體內由下而上的衝上,整個人精神起來,感覺舒服。

拍打奏效 說話變響

　　接着梁每周兩次接受何醫師的推拿治療，維持了個半月左右，何醫師在 4 月中改用「拍打功」為梁治療，又介紹了一些藥物給梁服用，包括兩種中成藥和兩種食療，中成藥分別是黑山蟻（日服 4 粒）和靈芝孢子（日服 2 粒），而食療則輪着每天飲用，其一是蒜頭煲田雞，另一是紅絲線、屈頭雞、羅漢果煲豬肉。梁女士的 SARS 後遺症迄今明顯消退，她說話變得響亮，走路不再喘氣，運動量也增多，甚至可以運氣唱粵曲。她對記者說，現時體力已回復至患 SARS 病前的八九成，而皮膚狀況竟然比去年要靚。

　　梁女士非常感謝何醫師的醫治，給她新生命，讓她能回復正常的生活。她還帶着一對兒女聯同姐姐、大哥、外甥、師姐等七人找何醫師治病。

刺激病者 氣血重整

　　今年四月獲北京華醫天然藥物研究院聘任為副院長的何文權醫師，是香港表列中醫師，平時只會接受熟客介紹出診。他允許記者旁觀診症和拍照。何醫師用拍打功治病，病者伏在地上軟墊，袒露出背部，何醫師用厚厚的肉掌一下一下拍打下去，拍得噼啪作響，各人的背部被拍完均出現大團紅暈，何醫師指是毒素。問病者被拍打的感覺，都說拍時有點受不了，但拍完很舒服，整個人頓時精神起來。

何醫師無保留的解釋，拍打功是推拿的一個手法，一如西式物理治療，通過拍打脊椎神經刺激病者的內分泌，促進其新陳代謝，得以氣血重整。所拍打的穴位包括膏方穴、天宗穴、大椎穴、肩井穴、隔俞穴、命門穴、腎俞穴、長強穴等。

他又解釋兩種食療湯水，無非幫助病者強壯機能排除毒素：「蒜頭煲田雞」中的蒜頭可壯腎陽，田雞含高蛋白則益肝；「紅絲線、屈頭雞、羅漢果煲豬肉」中紅絲線補充紅血球、屈頭雞可治淋巴發炎。常飲有益無害。他還建議病者常飲檸檬加薑煲可樂，因維他命C可防壞血。何醫師說，此等民間食方，簡易可做，不妨一試，讓有 SARS 後遺症的病者盡快重拾生命的樂趣。

時間難平喪夫痛

去年一場 SARS 風暴，拆散不少大好家庭。既痛失丈夫，自己亦差點活不了的梁女士，事隔年多，時間仍沒有撫平她的傷痛，憶說丈夫被奪命、自己中招的經過，堅毅的她還是忍不了奪眶的淚水，嗚咽得一度說不下去。

去年 3 月 12 日，梁女士的丈夫陳先生自大陸回港，沒想一周後發燒，看過中、西醫，都說是感冒，無人知他已患上可怕的 SARS。3 月 24 日陳到大埔那打素醫院求醫，一照 X 光即發現他的肺部已花了，馬上轉送瑪嘉烈醫院留醫。

夫先中招 己亦進院

梁氏記得，第二天探夫還是住普通隔離病房，誰知再過一晚去探望丈夫，他已被轉到獨立病房，當時她和丈夫都不以為意，怎也想不到這夜是兩夫妻人生的最後一面。

那晚她回家看電視新聞，當局宣布禁止 SARS 病人之家屬探病，翌日早上有護士打電話通知她，她只好用手機和丈夫聯絡，可是一直都打不通，經打聽原來丈夫陷入昏迷，被送進了深切治療部。

再隔數天，梁女士發起高燒，心知不妙，趕忙執拾衣物去大埔那打素求醫，但被認為感冒，回家後卻高燒不退，亦收到信要求她和兩兒女去醫院驗身。3 月 31 日她燒到一百度。此時醫管局打電話來，要求她全家立即驗身。於是她和一對兒女趕去醫院，幸好一對兒女均無事，她則驗出肺部有小花，即晚被送瑪嘉烈留醫，抽痰化驗。翌日早上，一位護士告訴她：「你係啦。」

夫亡最痛 稚女慰安

梁氏像其他 SARS 病人，慘受 SARS 病魔煎熬：心跳不正常、肌肉抽搐、全身乏力、呼吸困難，甚至昏迷，但最痛的還是 4 月 15 日正值壯年的丈夫病重身亡，她整個人都崩潰了，病情也更差了，還好有醫生和護士安慰她、鼓勵她，她自己深知要為一對兒女活下去，要用意志力咬緊牙關接受痛苦的治療。

「上天對我不薄！」梁氏共住了 22 天醫院，4 月 22 日終於出院回家，但她的身體極為虛弱，先找中醫調理身體，效果不錯，惜

半年後 SARS 後遺症顯現出來，揮之不去，直至她遇上何醫師用拍打功和食療法，才逐步復元過來。

梁的一對小兒女都很懂事，十歲大長得像爸爸的女兒這樣安慰媽媽：「你掛念爸爸，就多看看我吧！」

中醫治 SARS 另類選擇

SARS 去年襲港期間，不少醫務人員相繼受到感染，有中醫曾請纓參與戰疫，惜出於觀念和制度所然，當局沒有接納。

不過，事實證明中醫有助防治 SARS，尤其是內地用中醫治 SARS 卓有成效，而在香港吃過中藥的醫務人員均沒有受到 SARS 的感染，醫管局高層不得不承認中醫藥治 SARS，不失為一種有效的另類選擇。

今年二月底，醫管局公布了四個臨床科研項目的研究結果，包括了中醫藥預治 SARS 的研究、中西醫結合治療康復期 SARS 病人之研究、中西醫結合治療嚴重急性呼吸系統綜合症之療效、中西醫結合治療康復期非典型肺炎（加冬蟲夏草）的療效評估。結果顯示，中西醫結合治療非典型肺炎分別在急性治療和康復治療均有成效。

研究發現，同時服用中西藥的病人較只服西藥的病人，住院期平均縮短了四天，類固醇使用量少了六克，相等於減少了三分之一的用量，病人的一些症狀，包括出汗、口乾、疲倦、呼吸困難、失眠、腹瀉、氣喘等也有明顯改善。數據顯示如果在病發 28 天內接受中藥治療，改善情況更為明顯。

為防 SARS 重臨，醫管局表示會加強中西醫的合作和為防治 SARS 做足準備工夫，並會繼續科研和評估中醫藥的臨床效用，適當地利用中醫藥預防和治療 SARS 病人。假如再有 SARS 病人出現，他可以要求使用中醫藥治療，主診醫生會按其情況判斷，轉介至醫管局轄下中醫診所跟進。

拍打功強身袪病

拍打、按摩原是中國民間的一種健身運動且兼具療效，大約在後魏孝明帝太和年間，達摩祖師駐腳少林寺、傳授易筋經、洗髓經，其中記載用木杵、木槌和石杵、石袋，拍打全身達到強身與袪病的效果。

拍打，乃為「通經拍打」，是人體保健的良方，拍打運動之所以有超然的療效，主要是經過拍打在人體剎那間所產生的彈力，它震蕩了人體皮部、肌肉、血管、經絡及穴位，並即時傳回體內的氣血與臟腑……等處，這些極為密切而相互關連的器官，因受震蕩而產生熱，促使血、氣循環流暢，便疏通了經絡。拍打運動是外練筋骨、內練臟腑的一門功夫，譬如經絡無法與臟腑傳氣，人的手腳會冰冷、麻、酸、頸部僵硬、腰酸、頭痛、肩胛脹痛，及時拍打便有立竿見影之功效。慢性病諸如：關節炎、尿酸過高、高血壓、糖尿病、便秘、血管硬化、腎功能衰竭、五十肩、脊椎前彎（俗稱駝背），經獨特的功法指導，在自然中拍打，習之以恆，均能獲得很大的改善，加之輕重的排打方法，更融合有推拿、捏筋、導引、點穴等獨特療效，促使生命力更加旺盛。

SARS 後遺症食療湯水

蒜頭煲田雞

材料：蒜頭 2 個、田雞 1 斤

作法：蒜頭去衣拍扁，田雞剝皮去臟洗淨，加水煲個半小時，煲至 3-4
碗水，略加鹽便可飲用。

紅絲線、屈頭雞、羅漢果煲豬肉

材料：紅絲線 4 兩、屈頭雞 2 兩、羅漢果半個、瘦肉 1 斤

作法：材料洗淨，加水煲成湯飲用。

右圖：文章摘自《香港商報》 ⟶

香港商報 HONG KONG COMMERCIAL DAILY NEWS www.hkcd.com.hk

拍打功拍走SARS後遺症

中藥食療強身奏效 病者重拾生命樂趣

SARS是不爲人熟悉的世紀疫症，全球醫學家都在不斷研究，希望調試出有效藥苗來防治，而患過SARS的病人，無不元氣大傷，仍然受着不同的後遺症折磨，如何有效去減輕SARS病人後遺症的痛苦，值得大家探討。一位有SARS後遺症的家庭主婦經過推拿拍打治療，輔以食療湯水，原來揮之不去的後遺症明顯消退，可見中國醫藥學的博大精深。

商報記者 余江強

推拿拍打功促新陳代謝

去年不幸染上SARS的家庭主婦梁女士，飽受SARS後遺症的折磨逾年，今年初她接受了推拿正骨治療及服用一些食療湯水、中成藥，有非常理想的效果，身體狀況判若兩人。她歸功於推拿醫師採用了正骨拍打，輔以食療，亦樂於介紹出來，和其他患者分享。

腳麻氣喘 苦不堪言

梁女士的丈夫去年遭疫魔奪去生命，自己則經過22天要咬緊牙關捱過的痛苦治療，才出院回家，滿以爲自己可以慢慢康復過來。可是，事與願違，SARS後遺症不斷困擾着她，例如：心跳的速度不正常，左邊的肺部經常疼痛，呼吸感到困難，全身肌肉疼痛及乏力，左邊的手腳更經常抽筋及麻痺。在這樣的情況下，甚至連走路快一些也不能做到，要不停喘氣。梁到醫院覆診時求問於醫生，亦得不到任何解決方法。

梁女士無奈每天去做一些簡單的運動來強身。她練習太極，可是功效不大。後來她從姐姐的口中知道有一名姓何的醫師之推拿醫術非常精湛，於是馬上要求姐姐帶自己去找這位醫師。

頸椎正骨 暖流上衝

梁女士回憶3月初第一次見何醫師，自己還沒有開始說話，對方已經知道自己的頸椎有嚴重移位(梁的頸骨和坐骨經常疼痛)，引致其他身體的部分出現極大的問題，例如高低肩、髖骨和坐骨移位及其他神經線被擠壓着，因而引致血液循環不好，手腳容易抽筋及麻痺等生狀，[illegible]

何醫師在第一次替梁治療，只是短短數分鐘，用一對手如玩魔術地在她的頸椎骨推拿幾下，接着再用他獨有的「大千掌」(兩個膠鑼鎚)放在梁的背上一照，梁當時頓覺整個人呼吸暢順，坐骨神經不痛，甚至有度暖流在體內由下而上的衝上，整個人精神起來，感覺舒服。

拍打奏效 說話變響

接着梁每周兩次接受何醫師的推拿治療，維持了個半月左右，何醫師在4月中改用「拍打功」爲梁治療，又介紹了一些藥物給梁服用，包括兩種中成藥和兩種食療，中成藥分別是鼎山號(日服4粒)和靈芝孢子(日服2粒)，而食療則輪着每天飲用，其一是蒜頭煲田雞，另一是紅絲線、屈頭雞、羅漢果煲豬肉。梁女士的SARS後遺症迄今明顯消退，她說話變得響亮，走路不再喘氣，運動量也增多，甚至可以運氣唱粵曲。她對記者說，現時體力已回復至患SARS前期的八九成，而皮膚狀況竟然比去年要靚。

梁女士非常感謝何醫師的醫治，給她新生命，讓她能回復正常的生活。她還帶着一對兒女聯同姐姐、大哥、外甥、師姐等七人找何醫師治病。

刺激病者 氣血重整

今年四月獲北京華醫天然藥物研究院聘任爲副院長的何文權醫師，是香港列表中醫師，平時只會接受熟客介紹出診。他允許記者旁觀診症和拍照。何醫師用拍打功治病，病者伏在地上軟墊，袒露出背部，何醫師用厚厚的肉掌一下一下拍打下去，拍得噼啪作響，各人的背部被拍完均出現大團紅瘀，何醫師指是毒素。問病者被拍打的感覺，都說拍時有點受不了，但拍完很舒服，整個人頓時精神起來。

何醫師無保留的解釋，拍打功是推拿的一個手法，一如西式物理治療，通過拍打脊椎神經刺激病者的內分泌，促進其新陳代謝，得以氣血重整。所拍打的穴位包括膏方穴、天宗穴、大椎穴、肩井穴、膈俞穴、命門穴、腎俞穴、長強穴等。

他又解釋兩種食療湯水，無非幫助病者強壯後能排除毒素：「蒜頭煲田雞」中的蒜頭可壯腎陽，田雞含高蛋白則益肝；「紅絲線、屈頭雞、羅漢果煲豬肉」中紅絲線補充紅血球、屈頭雞可治淋巴發炎。常飲有益無害。他還建議病者常飲檸檬加蜜糖可樂，因維他命C可防壞血。何醫師說，此等民間食方，簡易可做，不妨一試，讓有SARS後遺症的病者盡快重拾生命的樂趣。

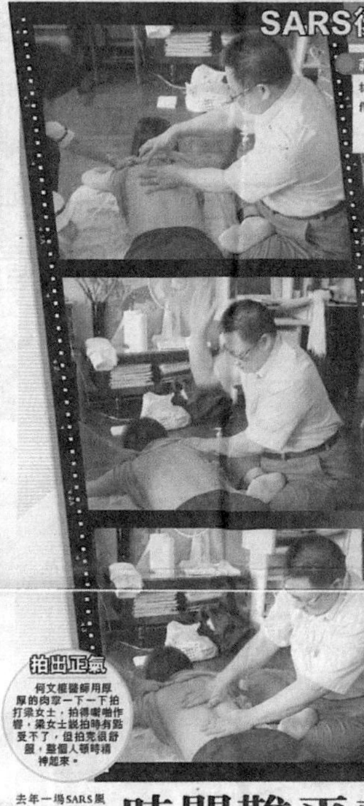

拍出正氣

何文權醫師用厚厚的肉掌一下一下拍打梁女士，拍得噼啪作響，梁女士說拍時有點受不了，但拍完很舒服，整個人頓時精神起來。

SARS後遺症食療湯水

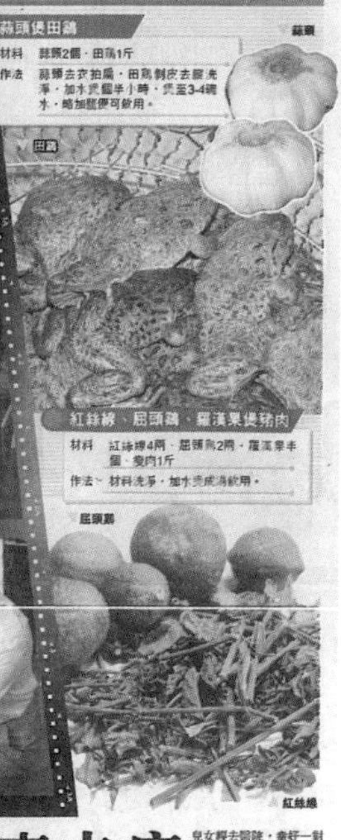

蒜頭煲田雞

材料 蒜頭2個、田雞1斤

作法 蒜頭去衣拍扁，田雞剝皮去腸洗淨，加水煲個半小時，煲至3-4碗水，略加鹽便可飲用。

紅絲線、屈頭雞、羅漢果煲豬肉

材料 紅絲線4兩、屈頭雞2兩、羅漢果半個、瘦肉1斤

作法 材料洗淨，加水煲成湯飲用。

時間難平喪夫痛

去年一場SARS風暴，拆散不少大好家庭。既痛失丈夫，自己亦差點活不了的梁女士，事隔年多，時間仍沒有撫平她的傷痛，憶說丈夫被奪命、自己中招的經過，堅毅的她還是忍不了奪眶的淚水，嗚咽得一度說不下去。

去年3月12日，梁女士的丈夫陳先生自大陸回港，沒想一周後發燒，看過中、西醫，都說是感冒，無人知他已患上可怕的SARS。3月24日陳到大埔那打素醫院求醫，一照X光即發現他的肺部已花了，馬上轉送瑪嘉烈醫院留醫。

夫先中招 己亦進院

梁氏記得，第二天探夫還是住普通隔離病房，誰知再過一晚去探望丈夫，他已被轉到獨立病房，當時她和丈夫都不以爲意，怎也想不到這夜是兩夫妻人生的最後一面。

那晚她回家看電視新聞，當局宣布禁止SARS病人之家屬探病，翌日早上有護士打電話通知她，她只好用手機和丈夫聯絡，可是一直都打不通，經打聽原來丈夫陷入昏迷，被送進了深切治療部。

再隔數天，梁女士發起高燒，心知不妙，趕忙執拾衣物去大埔那打素求醫，但被認爲感冒，回家後卻高燒不退，亦收到信要求她和兩兒女去醫院驗身。3月31日她燒到一百度。此時醫管局打電話來，要求她全家立即驗身。於是她和一對兒女趕去醫院，幸好一對兒女均無事，她則驗出肺部有小花，即晚被送瑪嘉烈留醫，抽痰化驗。翌日早上，一位護士告訴她：「你係啦。」

夫亡最痛 稚女慰安

梁氏像其他SARS病人，慘受SARS病魔煎熬：心跳不正常、肌肉抽搐、全身乏力、呼吸困難，甚至昏迷，但最痛的還是4月15日正值壯年的丈夫病重身亡，她整個人都崩潰了，病情也更差了，還好有醫生和護士安慰她、鼓勵她，她自己深知要爲一對兒女活下去，要用意志力咬緊牙關接受痛苦的治療。

「上天對我不薄！」梁氏共住了22天醫院，4月22日終於出院回家，但她的身體極爲虛弱，先找中醫調理身體，效果不錯，惟半年後SARS後遺症顯現出來，揮之不去，直至她遇上何醫師用拍打功和食療法，才逐步復元過來。

梁的一對小兒女都很懂事，十歲大長得像爸爸的女兒這樣安慰媽媽：「你掛念爸爸，就多看看我吧！」

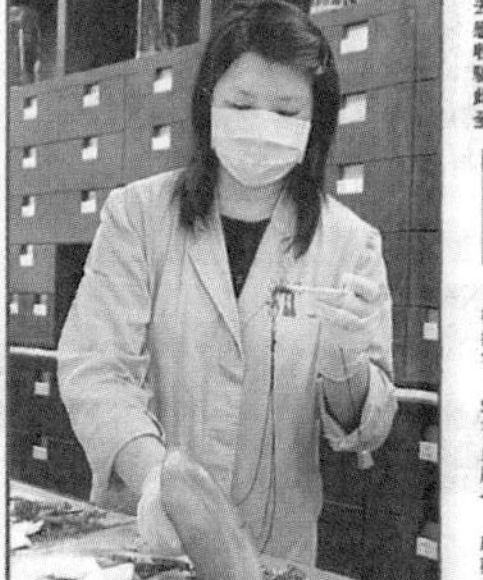

拍打功强身祛病

拍打、按摩原是中國民間的一種健身運動且兼具療效，大約在後魏孝明帝太和年間，達摩祖師駐錫少林寺，傳授易筋經、洗髓經，其中記載用木杵、木槌和石杵、石袋，拍打全身達到強身與祛病的效果。

拍打，乃爲「通經拍打」，是人體保健的良方，拍打運動之所以有超然的療效，主要是經過拍打在人體剎那間所產生的彈力，它震蕩了人體皮部、肌肉、血管、經絡及穴位，並即時傳回體內的氣血與臟腑……等處，這些極爲密切而相互關連的器官，因受震蕩而產生熱，促使血、氣循環流暢，便疏通了經絡。拍打運動是外練筋骨、內練臟腑的一門功夫，譬如經絡無法與臟腑傳氣，人的手腳會冰冷、麻、酸、頸部僵硬、腰酸、頭痛、肩胛酸痛，及時拍打便有立竿見影之功效。慢性病諸如：關節炎、尿酸過高、高血壓、糖尿病、便秘、血管硬化、腎功能衰竭、五十肩、脊椎前彎(俗稱駝背)，經獨特的功法指導，在自然中拍打，習之以

中醫治SARS另類選擇

SARS去年襲港期間，不少醫務人員相繼受到感染，有中醫曾請纓參與戰疫，惜出於觀念和制度所然，當局沒有接納。

不過，事實證明中醫有助防治SARS，尤其是內地用中醫治SARS卓有成效，而在香港吃過中藥的醫務人員均沒有受到SARS的感染，醫管局高層不得不承認中醫藥治SARS，不失爲一種有效的另類選擇。

今年二月底，醫管局公布了四個臨床科研項目的研究結果，包括了中醫藥預治SARS的研究、中西醫結合治療康復期SARS病人之研究、中西醫結合治療嚴重急性呼吸系統綜合症之療效，中西醫結合治療[illegible]在急性治療和康復治療均有成效。

研究發現，同時服用中西藥的病人較只服西藥的病人，住院期平均縮短了四天，類固醇使用量少了六克，相等於減少了三分之一的用量，病人的一些症狀，包括出汗、口乾、疲倦、呼吸困難、失眠、腹瀉、氣喘等也有明顯改善。數據顯示如果在病發28天內接受中藥治療，改善情況更爲明顯。

爲防SARS重臨，醫管局表示會加強中西醫的合作和爲防治SARS做足準備工夫，並會繼續科研和評估中醫藥的臨床效用，適當地利用中醫藥預防和治療SARS病人。假如再有SARS病人出現，[illegible]

2. 柏金遜症與頸椎病

本人劉 X 生，男，六十年代出生，現任政府文職工作，加入政府前從事出入口行業超過十五年以上，中港兩地跑。一直以來，從沒有想像到自己有今天的情況。於數年前，我開始發覺右手不太靈活及步行時不擺動，肌肉有僵硬情況，手經常出現顫震及手麻痺現象、右手無力和經常出現偏頭痛，唯我一直沒有理會，還一直以為是因自己「周身痛」而使用過多止痛藥的副作用後遺症，這段期間我曾在政府內外科專科檢查並無發現。

直至 2017 年 5 月，我前往私家醫院作詳細檢查，結果令我大吃一驚，私家醫院骨科醫生告知我的頸椎有六至七個位置出現骨刺現象，同時頸椎間盤骨凸出並壓著神經線。除此之外，腦科醫生臨床診斷後告訴我手震、手僵硬及動作緩慢可歸納為初期柏金遜症。我知道後突然有晴天霹靂的感覺，不知如何是好。於是我到處訪尋各種治療方式去治療自己的病。曾經去過大陸找人民醫院專科醫生做小針刀治療，經過兩個療程（約十次），效果並不理想。又曾經做過物理治療（包括：超聲波、頸牽引、衝擊電流、熱敷等），效果比未接受治療前還要差。之後經朋友介紹往元朗跌打骨醫接受衝擊波及跌打治療，經過數次治療，效果還是不顯著。當時心情非常複雜，忐忑不安，對病情並不樂觀，也有一點失落的感覺。雖然如此，我繼續通過各種途徑及在網上尋找資料，發現針灸及正骨推拿對頸椎間盤骨凸出有一定的幫助。而柏金遜症根據西醫腦科醫生告知須要服食藥物控制並不能夠根治及須要進行適量的運動（例如：八段錦及太極等）。於是我接受了針灸治療及由腦科醫生開出柏金遜症藥以控制病情。

某日，在家中和長子聊天談及了我的病情，覺得有點心灰意冷，他（我的兒子）說他有位老師懂得拍打正骨推拿，可以嘗試幫我問一下，其後有幸得到何老師接見，他了解我的病情後，開始為我用拍打推拿治療及指導我做一些拉筋伸展運動作輔助治療。至今經過約二十多次治療，頸椎活動幅度開始比較大及靈活，偏頭痛亦明顯比之前減少，睡眠質素也得到了改善，手顫震及手麻痺情況減輕及舒緩，手步行時慢慢開始擺動，臉容也笑得比較自然了（柏金遜症病友一般臉部缺乏表情）。然而，最明顯的是頭上的白髮漸漸減少並開始轉黑，據何老師解釋，此為氣血開始通及運行的好現象。在此衷心感謝何老師的悉心治療，我亦因為拍打推拿的神奇功效對我的病情慢慢好轉而感到恢復信心及看見曙光。

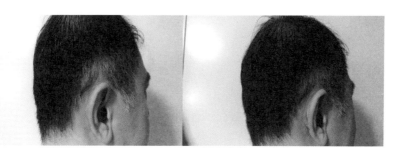

3. 頸椎退化（頸硬）、脊骨移位、膝痛、雙手手腕及手指關節腫痛

本人 L 先生（從事教育），57 歲，十多年前已經有頸梗，在醫院照 X 光，醫生說是長期勞損，沒有根治方法，只教我每天做頸部運動。另外，手腕、手指關節腫痛，中醫說是濕重，但醫治無效。另外再找物理治療後，改善不大。還有膝部痛症已有十多年，尤其落樓梯時特別痛，經過物理治療和正骨後，有些改善，但不久痛楚又再重來。身體問題主要是頸椎退化（頸硬）、脊骨移位、膝痛、雙手手腕及手指關節腫痛。

治療方法：

幸好遇上何老師，他十分細心和耐心為我治療，經過一段時間，頸部自由轉動幅度大了，膝部有力，落樓梯不痛了，手腕、手指腫患及痛症減少很多，轉動靈活大了。在治療中，何老師會用力拍打和按壓我的背部，並且，他會從我背後抱起我上身，用力及快速提起我的上身，之後，我感到呼吸更暢順，精神更好。另外，他會用力按我的手腕關節和手指關節，治療之後，那部分的腫痛減少很多！

到今天，我整個人在精神及行動敏捷多了（以前的身子是常僵硬不靈活），自己的體質有明顯改變，更發現到自己的白髮少了，而黑髮多了，令我十分高興呢！另外，何老師亦常教導及提醒我用合適的伸展動作來改善有關關節部位。最後，我要向何老師懇切地表達我的謝意，因為他能夠根治我的疾病，十分耐心地治療我和教導我，使我回復健康！

4. 硬頸的科學家

常言「筋長一寸，延壽十年」，「五官癸下無，惟有工脂高」，「讀萬卷書不如上萬次網」，現代人的困難往往是四肢不勤，腰酸背痛。作為大學的學人，我懂得教學生人體的生理和骨骼系統，但我沒辦法好好保養我的頸椎和腰背骨骼健康，曾因為頸椎壓著手神經，酸痛難忍，又遇過腰椎壓著小腿神經，小腿肌肉會自行跳動，兩隻腳趾麻木，我知道，不是神經系統的問題，是我的椎骨日久因「地心吸力」和欠缺合適護理而壓著神經。

幸好在大學教職員合唱團認識了何老師，他以祖傳拍打推拿替我治理，以拍打刺激自身修復，以推打骨骼重回正確位置，五年來，何老師給我的支持，非筆墨或診金可形容，謝謝何老師。

陳玉成博士
英國皇家生物學院士
2/2018

5. ADHD 小朋友

　　我的兒子今年 9 歲，去年（2021 年）醫生診斷他患有 ADHD。學校社工梁姑娘介紹了一位精神科醫生，兒子看醫生後，醫生處方了精神科藥物（Apo-atomoxetine 10mg）給他，服用了幾個月，好像沒有產生什麼作用，反而令他變得很疲倦和沒有精神。後來得到朋友介紹何老師，我帶他去找何老師求醫。未找何老師前，每日他在學校都會突然喊叫，無法安坐，沒一刻安靜下來。治療之後，學校的老師和社工在家長日時分享，覺得他有明顯改善，例如，他慢慢懂得如何控制自己身體的各方面，又或者懂得先想一想和停一停。

　　經過三至四次療程後，發現他安定下來，原來之前因為頸椎神經線的血去不到腦部，繼而影響他的日常學習和生活。一開始面色蒼白的他，療程完結後面色會變得紅潤和飽滿。自從找了何老師診治之後，兒子再沒有去看精神科醫生和服用任何精神科藥物。所以從醫學角度來看，這個病不一定要靠藥物才能治療。面對患有 ADHD 的小朋友，須要有耐心和忍耐來照顧他們，也不是一時三刻能夠醫治的。

6. 嬰兒開始養成俯睡的習慣

　　我（H 女士）於十年前（2002 年）的一個下午，我家收到一袋由姑媽從星馬帶來的手信，袋中有一包辣醬，辣醬正是我最喜愛的調味料！當天晚上，媽媽炒帶子西蘭花，就把該些辣醬加入調味，著實又香又好吃。我一邊咬著西蘭花一邊致電姑媽，告訴她辣醬配西蘭花是多麼美味，並向她道謝。怎料，話未說完，口腔內突然啪的一聲，我嘗試張開嘴巴，才發現牙骹向左邊移位，而且有點合不攏，簡直疼痛不堪。於是向光顧了五年的跌打師傅求醫。師傅是由媽媽的朋友介紹，多年來都為經常「拗柴」的我針灸、敷藥。師傅對醫治我的牙骹充滿信心，二話不說拉著我的下顎打轉，又用獨有的繩索，拉扯我的頸項，然後打發我離開，說過幾天便會自然而然地好起來。

　　我半信半疑地離開診所，之後痛楚一直加劇，不單止感到牙骹不適，食慾大減，就連頸骨也不對勁。靜止的時候，脖子總是傾側向左，不能正向前方。我感到痛苦煎熬，心裡常想著：「糟糕了，才廿多歲的我以後怎樣過日子呢？」往後的一年，媽媽陪著我四出求醫，分別向公立及私家骨科醫生、物理治療師、脊醫、中醫、推拿師、針灸師求診。診治後，有時感到情況好一點，有時卻因著他們會拉扯我的手腳而感到周身骨痛，心情和脾氣都因而大受影響，男友更乘機離我而去，生活過得很苦。

後來，我唯有說服自己接受現實：「現在的情況是扭轉不來的，痛的話，就服止痛藥吧。」往後的三、四年，我努力和這些毛病相處，從不敢奢望可以返回正常狀態。及至一次，我參加了一個義工工作坊，期間認識了一位朋友，閒談之間，他分享有關一位同事替他推拿，治好了他的頸患的經過。他的分享令我重燃希望，我不禁想起那隱隱作痛的牙骹和脖子，還有被拉扯過的手腳，當然還有那隻時會「拗柴」的左腳，心想：「莫非這位大師能夠讓我脫苦海？」

於是在義工朋友的接洽下，我第一次跟何老師見面。當時的我十分緊張，心裡懷著希望，卻又怕希望越大，失望越大，還是抱著姑且一試的心態，平常心吧。沒想到，眼前這位架著眼鏡的斯文青年，三兩下功夫就把我多年來的問題修正過來，感到骨頭歸位，為我帶來煥然一新的感覺。何老師還提醒我勿再俯睡，頸椎才會健康。俯睡是我由嬰兒開始養成的習慣，此後，我決心把它戒掉，而且好快便成功了。

何老師憑藉豐富的經驗和靈巧的手法，替身體受苦的朋友減輕痛苦，卻不問酬報，可謂再世華佗，令人感動。距離第一次接受治療已經四年多了，期間若然閃了腰、拗了柴、頸背痛，甚至弄反了手指腳趾，也會和何老師預約時間，讓他幫我修理。我亦將他介紹給身邊正受傷患困擾的親友和同事，讓何老師幫助他們。在此感激何老師付出時間、精神、心力、氣力，祝福他健康、快樂。

7. 腦痙攣與正骨

小兒家輝現年 43 歲，他因為早產關係，先天不足患有腦痙攣，雙下肢走路無力，須使用雙手拄著拐杖步行，年幼時多次接受放筋手術。腳踝後根（外踝）、膝蓋後根（委中）、髀關根腳筋甚緊，現時見他舉步難行。別人覺得他很辛苦。

感恩近期藉著正生會行政總裁林希聖先生，介紹何老師替家輝作拍打按壓治療。經過多次的拍打按壓治療後，腳筋明顯鬆了，也可以行得直些。願繼續接受治療，使他可以舉步輕鬆。家輝感到何老師按壓的穴位非常準確，雖然很痛但之後覺得鬆些。

感恩何老師亦有替我按壓，因我實在隱藏太多痛症，或許姿勢長期不正確及勞損，所以發力有點不逮，經何先生替我按壓後，好像重拾力量一樣，我感到何老師的按壓十分到位和專業。在這裡再次多謝何老師的祝福。願他身體健康，一切通順，家庭愉快。更願他的拍打按壓技巧，發揚光大，讓多人蒙福。

治療方法：

為家輝的下肢施行拍打按壓治療。經多次治療後，腳筋繃緊情況有明顯改善，同時步行時可以減少對拐杖的依賴。

8. 「肯尼迪氏症」

本人陳 xx，男，現年 58 歲，醫療工作者，服務年資約三十六年。於 2010 年發覺不妥當，行路如步操，遇到水坑不懂避開，經常跌碰，前仆後歪。以為只是自己不小心，但到後來工作同事建議不如看醫生檢查一下，就是這樣開始，經檢查後，證實肌肉萎縮，神經不協調，左邊身體手腳不靈活，只能提起少於五磅重量的物件。後來遺傳科醫生診斷，疑似患上一種病：「肯尼迪氏症」（Kennedy Disease），開埠至今我疑似是第七個個案，是基因突變的徵兆。基於這個原因，人的意志消沉，持續了七八年之久。直至今年（2018年）6 月，親戚說他認識何老師，懂得推拿。起初覺得可能都是一般，但經直接見面後，令我大大改觀。曾試過中醫推拿、四肢針灸「梅花」針拮穴位，手捽身軀四肢（一種類似「香薰油」塗在技師手上或治療人身上，然後捽全身（不是按摩），用手指公來捽）及牛骨刮全身，但仍未見成效，但經何老師嘗試拍打正骨推拿，感覺良好。因在去年（2017 年）經 X 光照到頸椎第五節退化，抬頭很辛苦。並於 2018 年 8 月安排照 MRI（磁力共振），再 9 月覆診見骨科。經這兩個月跟何老師「正骨推拿」，明顯身心舒暢較以往，雖則未能痊愈，但現在做人有回自信。願祝何老師繼續將拍打正骨推拿發揚光大，令更多患者獲益。

「腳托」是因我的基因突變而導致神經不能控制雙腳發力，故借助器具來步行。

「頸砸」是因頸椎第三節退化，頭會向前耷，所以才安排我往義肢矯形部度做。

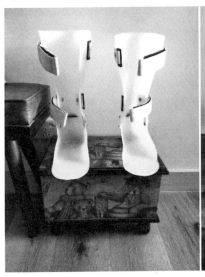
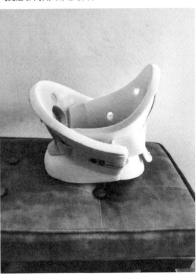

9. 「正骨師傅」醫胃脹

我是 D 女士，一個長期病患者，胃痛伴著我已經二十多年了。何老師是一位查考聖經小組的組長，我是他的組員。在查經中，我久不久發出胃氣的聲音，他主動對我說，我的胃氣應該是我裡面內臟移動得不好，他可以幫我推拿，應該會有幫助。胃痛已經伴著我二十多年了，雖然不舒服，但已經習以為常，心底裡卻還是希望會有好轉，於是就去試一試。

治療方法：

何老師幫我推拿，輕力幫我拍打，也幫我扭頸。治理後，他叫我深呼吸幾次，跟著我的胃氣就不斷湧出來，大概維持了十五分鐘──真神奇。開始時，他一星期幫我做三次，我覺得整個人輕鬆了很多，走路也快了很多。何老師不單幫我醫治胃脹，他還鼓勵我繼續來醫治，他可以幫我將一些骨頭撥回正位。從一個星期三次，後來一個星期一次，持續約有三年，他細心的醫治我的頭、頸、肩膀、背部、腳，特別是頸部，以前我常常覺得頭很重，重到一個地步，感覺我的頸支持不了我的頭。在治理其中，特別感恩是我的頭可以很輕鬆的自由轉動。他開始拍打我的時候，是非常痛又很難受，有很多次我想叫他停下來，但我又知道拍打過後，體內五臟六腑得到刺激所帶來的血液循環那份內裡通達的感受。所以，我每次都是忍著痛被他拍打，裡面的輕鬆通達，是以前從來沒有這種經歷。我現在還有間中找他「救命」，雖然我已經不是他的查經組員，但他還是很樂意的幫助我！我很體會他那份醫者父母心的心腸！感激何老師！！！

10. 失眠、抑鬱症、胃口與脊骨毛病

我是 E 女士，62 歲，退休人士。大約是 2018 年 2 月 6 日，我在安老院照顧母親，扶她去如廁，從輪椅過廁所的途中，她雙腳無力，快要跌倒了。我想揪起她，連發力三次，都揪不起。於是一面繼續揪著她免於跌倒，一面呼喊幫手。幸好照顧員就在附近，和我合力幫扶母親回到輪椅。但之後，我就開始失眠。連續五天無法入睡，第六天用盡法寶，都只能入睡兩小時；第七天，只能入睡三小時。從此之後，失眠便成了常態。經常完全無法入睡，很努力，整晚只睡兩小時、三小時。

沒多久發覺自己得了抑鬱症，同時亦沒有了胃口。漸漸左邊頸部、右邊肩部痛症發作。我曾經向一位相熟的物理治療師求助，他懂得正骨，我曾向他求醫了幾次，失眠、抑鬱症、無胃口依然。亦到政府門診診所求醫，獲得轉介九龍醫院精神科。精神科表示要排期半年，建議我接受東九龍精神科，那裡有心理醫生、護士和職業治療師團隊，可以快一點獲得治療。大約 2 月底的時候，我初次見東九龍精神科，評估後，精神健康診所收了我，可以初次見心理醫生、護士、職業治療師，排期到 4 月第一次正式覆診。但未曾到那一天，我已因其他病入了醫院做手術。

治療方法：

手術後，因我的朋友認識何老師，得何老師同意醫治我的脊骨，所以在 7 月 18 日第一次接受何老師的治療。那次之後，我發覺自己開朗了很多，人感到舒服了，連胃口都好了。起先半信半疑，但過了一段時日，我發覺情緒和胃口都保持到，自己確是有進步。至今我去了何老師那裡四次，每一次都有改善。首先發覺是抑鬱症和胃口大為好轉；跟著是左邊的頸痛不覺痛了，以及右邊的肩痛有好轉；失眠的情況也有改善。我很多謝何老師，我是一位基督徒，感謝上主藉著何老師改善我的健康。

11. 下半身運動發展遲緩的 BB

　　我的女兒因早產缺氧腦部受損而導致下半身的運動發展遲緩，自出生幾個月開始便一直須要靠物理治療來幫助提升她的肌肉力量，作為父母的我們用盡心思也嘗試過針灸和一些另類療法，但效果都不明顯。直到有一天我與我的契媽聊天談及女兒現時的情況，經她引薦而有幸認識何老師，起初我對拍打功和正骨並不了解，但我相信中國的傳統醫學是有神秘的功效。

治療方法：

記得第一次見何老師至今不到半年，他告訴我 BB 有長短腳，脊椎骨也有移位，經他三兩下的拍打和拉伸，我們真的聽見 BB 的骨發出響聲，之後一個多月我們發現 BB 坐直了許多。何老師是一位有耐心和富有愛心的基督徒，他百忙之中利用自己閒暇時間接見我們，真的非常感謝他一直關心 BB 的情況以及給予的幫助。

醫生說像我女兒這樣的情況須要長期留意骨的發展，因為小朋友不斷長大，人體對骨的壓力也會增加，若不是正確的方法和姿勢就很容易令骨移位，很感恩上星期去醫院檢查照了 X-ray，醫生說 BB 的脊椎和關節骨位都正常，我們知道那是多虧了何老師定期幫 BB 拍打和拉伸，有他的幫忙和關注讓我們放心了許多。感謝神讓我們可以認識這位和藹可親又充滿善心的何老師，我們的人生雖有風浪，但神的恩典卻是夠我們用的！十分感激何老師的幫忙，願上帝也賜福給你，令更多人重燃生命的希望！

12. 黑色的腳

　　我（A女士）在2013年患上甲狀腺機能亢進，全身腫脹，鞋襪都不合穿，醫生開藥，服後手臂神經線不停跳動，換藥後才消除。每一至兩個月抽血驗指數（TSH、T3、T4），但忽高忽低，藥物按指數來加減，嘗試飲碘水，情況沒大改善，很苦惱！身重驟降至八十多磅，但食量增加，醫生說是此病的特徵。後來轉看中醫，用中藥浸泡全身，泡了約三個月，沒明顯改善，皮膚又痕癢，停泡中藥後，雙腳小腿僵硬，膚色變黑，走路時覺很沉重，不以為意，沒有理會。

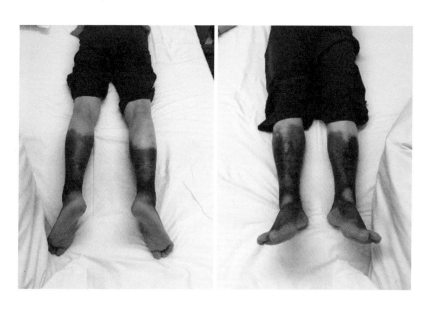

治療方法：

2017 年 6 月經家人介紹下認識何老師，診斷後須用草藥泡腳及推拿，初時治療，全身感到痛，特別是背、腳部。兩至三個月後，小腿變軟及膚色變淡，便秘消失，走路時雙腳輕鬆。我很感恩遇到這位樂於助人的何老師，讓我早日消除頑疾，更讓身邊的親友們受惠。

13. 靜脈曲張和白蝕

我（F女士）從事文職工作已有四十二年之久，長時間坐在辦公室對著電腦，運動不多，以致血氣不通，肩頸僵硬，有水腫和靜脈曲張等問題，並且十多年前開始有白蝕在手掌位置。

治療方法：

遇見何老師後，他首先處理我的肩頸問題，他用熟練的手法，先柔軟我的頸部，然後在正確的位置把我的頸項扶正，我感覺到舒暢和輕鬆。他在我的背部，用拍打方式強而有力地左右兩邊拍打。同樣地，他也在我的大腿、小腿、有靜脈曲張的位置拍打，我有疼痛的感覺，皮膚也紅了。日子有功，以前連腳眼也看不到的，現在慢慢復見。很多朋友也說我的水腫改善了，連小腿也變幼小了。我的靜脈曲張也沒有之前的粗壯和明顯。我手掌上的白蝕也變淡了，是何老師在我背部腎臟位置拍打的成果。

何老師十分明白我們長期使用電腦的人，手腕、手指和手臂也是有肌肉繃緊、活動範圍縮小等問題，他也用拍打、拉長、拉鬆的方法去處理。何老師給予我的治療是不收分文，不求回報，而我的問題得到舒緩、改善、復原，全是何老師對正骨治療方面的專業知識和他對人無私奉獻的愛心，在此我要向他表達謝意，並尊敬他有崇高並樂於助人的高尚品格！

14. 百病纏身的老人家

我是阿滿，一年前患有坐骨神經痛、骨刺、高血壓及心臟有毛病。在西醫診症下，建議我須要做手術。西醫給我的藥物，服後我感到暈眩。我感到這一次生病與死亡非常接近，我的三個子女都不得不每年輪流全天候留在家裡照顧我。

治療方法：

何老師通過推拿和拍打改善我的坐骨神經痛、骨刺問題，再配合食療從內而外去改善心血管及腎臟健康。第一次推拿雙腳後，雙腳不能自主提起，要用手協助下方能動。一星期後再找何老師，他每星期用拍打方式幫我，之後他介紹我一些食療方法，有助心血管及腎臟健康。經過一年他的正骨推拿及拍打護理，我感到身體比一年前好，現在，我可以去任何地方，不需要我的兒子和女兒全天候照顧我。

15. 建築工人的膝蓋

　　我是陳先生，今年 55 歲，我是一個建築工人。在 2017 年年初的時候，我發現膝蓋十分僵硬和疼痛。我去看過西醫，醫生診斷為筋膜發炎，並處方消炎藥給我。我吃過藥，並反覆看過多個醫生，但情況並未改善。醫生遂再次替我做詳細檢驗，證實我的膝蓋退化。骨科醫生於是建議我每星期注射透明質酸（共五枝），以減慢退化。同時，亦有其他醫生建議我注射類固醇。我參考了不同人的意見，有朋友認為效用不大，亦有親戚只需要一針便痊愈。最後，我沒有接受醫生的建議。因疼痛難忍，我看了一個半月的跌打、接受電擊治療和二十次物理治療，惟所有方法都沒有減輕痛楚。

　　終於，我女兒介紹我接受何老師的推拿。因我已感到十分無助，只好抱著一試無妨的心態試試看。何老師幫助我幾次後，我已發現有明顯的改善。十次療程後，我的雙膝已沒有劇烈的疼痛。

　　我十分感謝何老師的悉心照顧，感激他免費的幫助。從前的雙膝痛得不能入睡，但現在已能安穩地入睡，生活質素大大改善，同時亦減少了對未來的擔憂。另外，我花費於治療膝部傷患的金錢減少了很多，家中的開支因而有所減少。感謝何老師的傾囊相助，令我在不同方面都提升了生活質素。經治愈後，何老師的療法的效果令我十分驚喜。何老師不但在生理方面幫助我，更幫助我擺脫多年的困擾，令我能以更輕鬆的心情面對每一天的挑戰。即將踏入花甲之年，希望在何老師的幫助下，我的膝蓋能保持現時的情況，不會

惡化下去。最後，我由衷感謝何老師的幫助，提升了我生理上和心理上的生活質素。我把我的經歷分享給你們，希望你們能加深對何老師的療法的認識。我希望透過我的經歷，讓受舊患困擾的人都能有多一個選擇，給自己多一個機會治療自己。

16. 一個年輕的 OL ── 以為是感冒的耳鳴

我（溫小姐）從小時候開始，每當染上感冒的時候都會耳鳴。嚴重的時候，垂下頭的時候更會一邊耳劇痛及暈眩，連頭也不能移動。看西醫都說是感冒影響或耳水不平，食止暈藥就可以了。由於服食了醫生開的藥後情況有改善，而且對日常生活都沒造成太大影響就沒有再理會了。後來耳鳴的情況加深，愈來愈持續得長時間及明顯，就去看中醫，中醫診治時多數都是說因為血氣不足所致。食過中藥後，情況都有改善，心裡想反正中醫的治療一般比較慢，而且血氣不足不會在短時間變好就沒有再理會了。

一次定期驗眼的時候，視光師為我檢查眼睛所看到的立體情況，對比前次檢驗的結果竟然變差了！詳細檢驗後，發現是由於斜視的情況加重而引致的，視光師察覺到我的頭會不自覺地向一邊傾斜，診斷為因身體對斜視作出自動調節。因為情況不算很嚴重，又沒有特別的治療方法，就如常生活了。

因為媽媽跟何老師提起這情況，相反地何老師認為應該是頸骨影響引致斜視及耳鳴。雖然一直都沒有頸痛，也不覺得兩者有聯繫，但都試試看吧。初次調整頸骨後，即時感到耳鳴好像減輕了，但情況只維持了一天多。後來聽了何老師的提醒，換了更平的枕頭及平躺睡覺後，加上反覆再調整頸骨，耳鳴的情況就愈來愈輕微，在不知不覺間更消失了。現在只在很疲憊的情況下才會感到耳鳴！真的要感謝何老師的幫助！

第六章：

自愈訓練

A. 提手伸展法

原理：伸展動作能充分刺激整個肺部，特別是日常經常被閒置的肺尖部分，恆常的鍛鍊可以改善心、肺功能，促進身體循環。同時伸展動作可以拉鬆膊頭及頸椎，有效改善五十肩或頸椎病引致的痛症問題。

鍛鍊建議：早、午、晚各一次，每次進行二十至三十下。

1. 準備動作：雙手交叉。
2. 雙手逐漸往外推，直至上臂與前臂呈 180 度。
3. 頭微微仰起，蹬直後的雙臂漸漸向頭頂拉起，期間緩緩吸氣，直至雙手與雙耳呈同一位置。
4. 雙手在最高位置靜待五秒鐘，之後讓雙手自由落下，同時呼出肺部所有空氣。

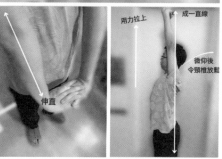

B. 腕管伸展法

原理：改善手掌及手腕之間的八小細骨的位置，令腕管不至於阻塞，可以令血液及神經線通過，改善手指麻痺和冰凍的症狀。腕管伸展動作可以把腕骨復位，舒緩痛症。

鍛鍊建議：可以重複做，每次做大約一分鐘。

1. 準備動作：準備一個與盤骨高度相約之平面，正身站立平面的旁邊。
2. 把須要伸展的手掌完全平放於平面上。
3. 把另一隻手掌疊於「須伸展手」之手背上，然後用手指包裹「須伸展手」。
4. 「包裹手」微微向上提起，直至「須伸展手」感覺有拉扯感。

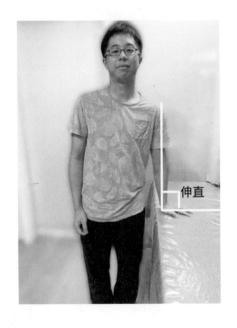

伸直

5. 然後身體微微向前傾，直至「須伸展手」上臂與平台呈90度，維持五秒然後放鬆。

C. 平睡復位法

原理：當完成「提手伸展法」時，脊骨兩旁的背部肌肉得以放鬆。然後躺平在硬地板上，脊骨會受著地心吸力牽引向下。因著反作用力的原理，脊骨可以接觸到硬地板的部分（例如：尾龍骨），能夠感受到硬地板所給予的向上力，令脊骨復位，恢復或者改善脊骨應有的弧度。

鍛鍊建議：每次躺平半小時至一小時。

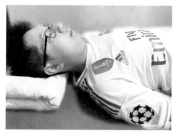

1. 平睡於地板或床板上。
2. 平睡時，選用較薄的枕頭承托頭部，同時用捲起的毛巾填補頸椎與床褥間之空隙，雙手放鬆平放於兩側。
3. 放鬆全身，平睡大約三十分鐘。

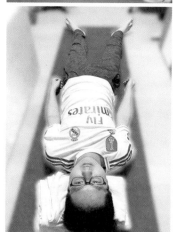

備註：平睡時讀者可能會覺得尾龍骨處會有痛感，那是因為日常姿勢不正確導致，但只要進行恆常平睡鍛鍊，大約四星期痛感便會消失。

D. 姿勢的重要

　　正所謂「預防勝於治療」，良好的姿勢比後期的診治或推拿更為重要，只要養成良好的站姿和坐姿（切忌翹腳），以及進行適量的運動和舒展，很多痛症都會不藥而愈。正確的睡姿對骨骼來說是一個十分重要的保健。側睡時會使肩胛骨和頸椎彎曲，使兩者處於不正常的姿態，嚴重的更會導致頸椎移位問題。因此平睡才是對骨骼健康最合適的睡姿。同時選擇薄的枕頭（大約兩吋）承托著「後尾枕」以及較硬的床褥，對脊骨的承托會更佳。

參考書目

1. 推拿正骨

陳宇清（1968）。《最新推拿療法》。香港：香港太平書局。

上海中醫學院（1980）。《推拿學》。香港：商務印書館（香港）有限公司。

季根林（1981）。《推拿簡編》。北京：人民衛生。

松原英多著（1985）。何季仲譯。《脊骨健康法》。台北：國際文化。

詹姆斯·西里亞斯（Cyriax, J.）（1988）。《圖解骨系統醫學》。王天禔譯。
　　台灣：財團法人徐氏文教基金會。

梁永漢，陳國富（1989）。《運氣按摩療法》。香港：南粵。

渡邊新一郎（2005）。《自我矯正脊椎健康對症療法》。台北：瑞昇文化。

余永銳。《按摩療法》。香港：商務印書館。

吳若石神父，陳勇。《病理按摩法續篇》。台北：日新出版社。

崔寧。《姿勢與健康》。香港：堅城。

鄭宣根。《救救我的腰痛》。王愛莉譯。台灣：灌溉者。

黎德強。《手腳按摩治病法》。台灣：永寧。

2. 氣功

侯英林（1982）。《氣功的奧秘和修煉》。香港：藝美圖書公司。

洪世忠，黃俊明（1984）。《氣功實修法研究》。香港：藝美圖書公司。

王若水，楊翠蘭，陳以哲（1989）。《醫學氣功入門》。上海科學技術。

王選杰（1989）。《一指禪氣功點穴術》。香港：海峰。

洪敦耕（1989）。《氣功知要》。香港：天地圖書有限公司。

高疊（1989）。《高疊氣功套餐》。香港：中龍出版社。

韓善藏（1989）。《氣道醫學》。北京：現代。

黃玉培（1990）。《保健氣功推拿》。上海：上海科學技術文獻出版社。

侯英林。《氣功療法精義》。香港：藝美圖書公司。

張惠民。《氣功功法功能功理》。南粵。

劉德博。《氣功防癌抗癌》。南粵出版社。

3. 穴位、針灸、神經

金韻（1965）。《針灸配合 點穴 推拿 脈理 治療學》。香港：金韻醫務所。

匽濱善夫，丸山闔朗（1979）。《經絡之研究》。香港：太平書局。

王文華（1980）。《神經系統和保健》。香港：藝美圖書公司。

謝永輝，曹幼美（1985）。《中國指力整體經絡平衡術》。香港：商務印書館。

張樹柏（1988）。《鍼灸腧穴位置檢索表》。香港：星島出版社。

靳瑞，林秀芬，靳子豪（1990）。《經穴治療歌賦解說》。香港：上海書局有限公司。

馬家俊。《人體痛症穴道療法》。台灣：真善美。

張立基醫師。《神經痛防治與護理》。香港：益知。

《人體穴位與疾病治療》。楊國明譯。金文圖書有限公司。

《最新針灸穴位掛圖說明》。醫學衛生。

4. 內臟

張欣（1977）。《怎樣預防心血管疾病》。香港：大光出版社有限公司。

戴健鵬（1980）。《高血壓與低血壓》。香港：醫藥衛生出版社。

東野俊夫（1984）。《腎臟病防治和食療》。楊大偉醫生譯。香港：新醫出版社。

汪承柏（1994）。《中西醫結合診治重度黃疸肝炎》。北京：中國中醫藥。

司馬芬編。《中西合璧肝病治療法》。新時代出版社。

伍錦昌。《高血壓的成因與治療》。快澤有限公司。

張石靈醫師。《補腎秘訣》。清松醫藥出版社。

董時新。《當心！！你可能有肝臟病》。

《可怕的肝臟病》。國家。

《你的心臟》。香港：星島出版社。

5. 食療、中藥食材

生活與健康月刊編輯部（1981）。《中國成藥手冊》。香港：香港大光出版社有限公司。

張逸夫（1987）。《蜂王乳的神奇功效》。縱橫。

麥炳焜（1989）。《心臟病・腦中風的中藥療法》。香港：香港長興書局。

李玉琼（1991）。《大蒜健康法》。台北：大展出版社。

李曉涵（1992）。《神秘的大麥嫩葉》。台北：正義。

國偉（2002）。《中醫祖傳偏方大全》。成都：古籍出版社。

江一葉。《中醫藥常識索編》。香港：星島。

周思亮。《中國藥王雲南田七》。台北：金帝圖書有限公司。

桃海楊。《中國保健藥膳烹煮製》。海天。

鍾庸。《食療藥物》。香港：香港得利書局。

簡立賢。《雲南田七的驚人藥效》。香港：精緻。

6. 其他

李壽星（1977）。《生命的中樞——腦及腦部疾病》。台灣：正中書局。

《系統疾病的體育療法》（1978）。香港：醫藥衛生出版社。

何勁（1979）。《內分泌與疾病》。大光出版社有限公司。

何北伊（1980）。《中醫驗方彙編》。香港：香港上海書局。

劉瑞瑤，吳澍仁（1986）。《營養與你》。香港：香港整脊治療中心。

戴志仁（1989）。《維他命的正確服用法》。台南：新時代出版社。

葉金川（2000）。《中老年人保健手冊》。台北：台北市政府衛生局。

青山醫院，香港老年精神科學會（2001）。《老年癡呆症完全護理手冊》。
　　香港：明窗出版社。

王方凌。《痔瘡治療與護理》。星輝圖書有限公司。

吳家鏡。《實用經驗民間秘方》。香港：香港光明出版社。

姚德生。《維他命養生學》。台南：新時代出版社。

陳存仁。《頭痛頭暈及失眠心悸》。香港：上海印書局。

陳蘇。《常見病治療新法》。香港：香港得利書局。

桃自慧。《中西名醫談疾病認識與方治》。醫藥。

桃香雄。《荷爾蒙與健康》。香港：大光出版社有限公司。

淺野伍朗。《認識我們的身體 人體學習大百科》。三悅文化。

梁愛玲。《婦女手冊》。香港：知識。

費不吾。《關節痠痛是否就是患上風濕症》。添美。

劉觀濤，劉屹松，石向前。《活解溫病條辨》。中國：軍事醫學科學。

錢信忠。《科學小百科血液》。天津科學技術出版社。

羅應章。《經驗醫庫》。香港：香港醫林書局。

蘇德古。《指甲看健康》。香港：益知出版社。

《飲食營養與癌症》。知識。

Reference

Ackerman, D. (2004). *An alchemy of mind.* Scribner.

Bellmore, L. (2022). The Experience of Shiatsu for Care Partners and Persons Living with Dementia: a Qualitative Pilot Study. *International Journal of Therapeutic Massage & Bodywork, 15*(1), 23.

Bloom, M. (1975). *The paradox of helping: Introduction to the philosophy of scientific practice.* John Wiley.

Bronfenbrenner, U. (1979). *The ecology of human development: Experiments by nature and design.* Harvard University Press.

Bronfenbrenner, U. (1992). *Ecological systems theory.* Jessica Kingsley Publishers.

Bronfenbrenner, U., & Morris, P. A. (1998). The ecology of developmental processes. In W. Damon & R. M. Lerner (Eds.), *Handbook of Child Psychology, vol. 1: Theoretical Models of Human Development* (pp. 993-1023). John Wiley and Sons, Inc.

Cabo, F., & Aguaristi, I. (2020). Similarities and differences in East Asian massage and bodywork therapies: a critical review. *OBM Integrative and Complementary Medicine, 5*(1), 1-1.

Chen, L., Cong, D., Wang, G., Sun, J., Ji, Y., Zhong, Z., ... & Wu, X. (2022). Tuina combined with diet and exercise for simple obesity: A protocol for systematic review. *Medicine, 101*(6).

Chen, S. C., Yu, J., Suen, L. K. P., Sun, Y., Pang, Y. Z., Wang, D. D., ... & Yeung, W. F. (2020). Pediatric tuina for the treatment of attention deficit hyperactivity disorder (ADHD) symptoms in preschool children: study protocol for a pilot randomized controlled trial. *Pilot and Feasibility Studies, 6*(1), 1-13.

Cooper, Z. (2010). Tuina: East and West. *The Journal of Chinese Medicine,* (93), 22.

Cozolino, L. (2006). *The neuroscience of human relationships*. W.W. Norton.

Eng, M. L., Lyons, K. E., Greene, M. S., & Pahwa, R. (2006). Open-label trial regarding the use of acupuncture and yin tui na in Parkinson's disease outpatients: a pilot study on efficacy, tolerability, and quality of life. *Journal of Alternative & Complementary Medicine, 12*(4), 395-399.

Fogel, A. (1993). *Developing through relationships*. University of Chicago Press.

Goldberg, E. (2005). *The wisdom paradox: How your mind can grow stronger as your brain grows older*. Gotham.

Hinoveanu, F. M. (2010). *Tuina treatment in cervical spondylosis. Timisoara Physical Education and Rehabilitation Journal, 3*(5), 23.

Hu, J., Yan, J. T., & Fang, M. (2005). Chinese tuina: challenge of evidence-based medicine and development strategy. *Zhong xi yi jie he xue bao, Journal of Chinese Integrative Medicine, 3*(6), 429-431.

Kong, L. J., Fang, M., Zhan, H. S., Yuan, W. A., Pu, J. H., Cheng, Y. W., & Chen, B. (2012). Tuina-focused integrative chinese medical therapies for inpatients with low back pain: a systematic review and meta-analysis. *Evidence-Based Complementary and Alternative Medicine, 2012*.

Li, X., Wang, X., Song, L., Tian, J., Ma, X., Mao, Q., ... & Zhang, Y. (2020). Effects of Qigong, Tai Chi, acupuncture, and Tuina on cancer-related fatigue for breast cancer patients: A protocol of systematic review and meta-analysis. *Medicine, 99*(45).

Lv, Y., Feng, H., Jing, F., Ren, Y., Zhuang, Q., Rong, J., ... & Jing, F. (2021). A systematic review of Tuina for women with primary dysmenorrhea: A protocol for systematic review and meta-analysis. *Medicine, 100*(47).

Salhotra, A., Shah, H. N., Levi, B., & Longaker, M. T. (2020). Mechanisms of bone development and repair. *Nature Reviews Molecular Cell Biology, 21*(11), 696-711.

Shek, Daniel TL, Ho, Wynants WL. (2017). *Spirituality in Leadership: Promoting Leadership and Intrapersonal Development in University Students.* NOVA Science publishers Inc.

Tao, J., Kong, L., Fang, M., Zhu, Q., Zhang, S., Zhang, S., ... & Wu, Z. (2021). The efficacy of Tuina with herbal ointment for patients with post-stroke depression: study protocol for a randomized controlled trial. *Trials, 22*(1), 1-9.

Wei, X., Wang, S., Li, L., & Zhu, L. (2017). Clinical evidence of chinese massage therapy (Tui Na) for cervical radiculopathy: a systematic review and meta-analysis. *Evidence-Based Complementary and Alternative Medicine, 2017.*

Wu, H. Z., & Fang, Z. (2013). *Fundamentals of traditional Chinese medicine (Vol. 1).* World Scientific.

Xu, H., Kang, B., Gao, C., Zhao, C., Xu, X., Sun, S., ... & Shi, Q. (2021). Effectiveness of Tuina in the treatment of pain after total knee arthroplasty in patients with knee osteoarthritis. *Chinese Journal of Tissue Engineering Research, 25*(18), 2840.

Yang, W., Guo, X., Lu, Q., Pan, T., Wang, H., & Wang, H. (2021). Acupuncture plus Tuina for chronic insomnia: A protocol of a systematic review and meta-analysis. *Medicine, 100*(47).

Zhang, J., Lin, Q., & Yuan, J. (2011). Therapeutic efficacy observation on tuina therapy for cervical spondylotic radiculopathy in adolescence: a randomized controlled trial. *Journal of Acupuncture and Tuina Science, 9*(4), 249-252.

Tuina — The path to self-healing

作者： HO Man Keung (Chinese Medicine Practitioner)
何文權中醫師
Dr. HO Wai Lun 何偉倫博士
編輯： 青森文化編輯組
設計： 4res

出版： 紅出版（青森文化）
地址： 香港灣仔道133號卓凌中心11樓
出版計劃查詢電話： (852) 2540 7517
電郵： editor@red-publish.com
網址： http://www.red-publish.com

香港總經銷： 聯合新零售（香港）有限公司
台灣總經銷： 貿騰發賣股份有限公司
地址： 新北市中和區立德街136號6樓
電話： (886) 2-8227-5988
網址： http://www.namode.com

出版日期： 2022年7月
ISBN： 978-988-8822-04-1
上架建議： 推拿／中醫／保健
定價： 港幣80元正／新台幣320圓正